NONGCUN SHENGHUO WUSHUI
ZHILI YU CHANGXIAO GUANKONG

农村生活污水
治理与长效管控

张 华◎著

图书在版编目（CIP）数据

农村生活污水治理与长效管控 / 张华著 . -- 北京 ：
企业管理出版社，2025. 1. -- ISBN 978-7-5164-3233-4

Ⅰ. X703

中国国家版本馆 CIP 数据核字第 20256J00Y7 号

书　　名：	农村生活污水治理与长效管控
书　　号：	ISBN 978-7-5164-3233-4
作　　者：	张　华
策划编辑：	赵喜勤
责任编辑：	赵喜勤
出版发行：	企业管理出版社
经　　销：	新华书店
地　　址：	北京市海淀区紫竹院南路 17 号　　　邮编：100048
网　　址：	http://www.emph.cn　　　　电子信箱：zhaoxq13@163.com
电　　话：	编辑部（010）68420309　　　发行部（010）68701816
印　　刷：	北京厚诚则铭印刷科技有限公司
版　　次：	2025 年 2 月第 1 版
印　　次：	2025 年 2 月第 1 次印刷
开　　本：	710mm × 1000mm　　　1/16
印　　张：	9.5 印张
字　　数：	115 千字
定　　价：	68.00 元

本书编制工作组

（排名不分先后）

主要负责人：张　华　许　翼　李子音　张晓华

其他成员：孙　莹　张　钊　宋伟强　杨英波

　　　　　　张思远　王　磊　袁英兰　赵勇娇

　　　　　　王允妹　祝　雷　梁润喆　邵　冰

目　录

1 概　述

1.1　农村生活污水治理历程

随着我国社会经济的快速发展，农民收入不断提高，农民的生活方式也发生了巨大变化，自来水的普及，使得卫生洁具、洗衣机、沐浴等设施走进平常百姓家，再加上农民减少了传统农家肥的使用，造成农村生活污水失去了重要消化途径。农户卫生设施的普及，也使得农村人均生活用水量和污水排放量增加，农村生活污水无序排放，导致生态环境及群众健康受到威胁。因此，农村生活污水处理问题逐渐受到国家重视。

2005—2008 年为我国农村污水处理的萌芽阶段，该阶段国家开始重视农村环境保护问题，并期望通过制定政策来引导产业的发展，国务院、住房和城乡建设部（以下简称住建部）、原环境保护部（以下简称原环保部）重点出台了《关于加强农村环境保护工作的意见》等 5 项政策措施。2008—2015 年为我国农村污水处理的初步发展阶段，根据全国农村环境保护工作电视电话会议精神，国家对采取有力措施使严重危害农村居民健康、群众反映强烈的突出污染问题得到解决的村镇，实行"以奖促治"政策，鼓励地方人民政府及社会各界加大农村环境保护投入，稳步推进农村环境综合整治。该阶段的特点为政策探讨、资金配套和示范建设，主要表现为 21 个省（自治区、直辖市）的"全国农村环境连片整治示范"及相关政策配套。2015 年之后为我国农村污水处理快速发展阶段。2016 年，原环保部会同财政部印发《全国农村环境综合整治"十三五"规划》，确定了实现全国完成新增 13 万个建制村环境整治目标。"十三五"以来，我国以南水北调东线中线水源地及其输水沿线、京津冀、长江经济带、环渤海等区域为重点，深入推进农村环境整治。全国新增完成 15 万个建制村环境整治，超额完成整治 13 万个建制村的目标，村庄环境明显改善。该阶段的特点为政策及机制不断完善、大力推进国内农村污水处理设施建设。随着我国乡村振兴战略的实施，人们对农村人居环境质量的要求也逐步提升。

中共中央、国务院于 2018 年部署实施了《农村人居环境整治三年行动方案》。围绕农村生活污水、黑臭水体和农村垃圾等突出环境问题，各部门转发并实施了《国务院办公厅关于改善农村人居环境的指导意见》《培育发展农业面源污染治理、农村污水垃圾处理市场主体方案》《关于加快农房和村庄建设现代化的指导意见》等政策，助力农村污水处理。《中共中央、国务院关于全面推进乡村振兴 加快农业农村现代化的意见》（2021 年中央一号文件）明确要求：统筹农村改厕和污水、黑臭水体治理，因地制宜建设污水处理设施。2021 年 12 月，中共中央办公厅、国务院办公厅印发了《农村人居环境整治提升五年行动方案（2021—2025 年）》，提出了"到 2025 年，农村人居环境显著改善，生态宜居美丽乡村建设取得新进步"的行动目标。同时，为了促进解决水资源短缺、水环境污染和水生态损害问题，国家发展改革委等发布了《关于推进污水资源化利用的指导意见》，要求积极探索符合农村实际、低成本的农村污水治理技术和模式，推广工程和生态相结合的模块化工艺技术，稳妥推进农业农村污水资源化利用。

1.2　农村生活污水治理技术与管理体系

1.2.1　国内农村生活污水治理技术与管理体系

自 2006 年以来，原环保部陆续出台《农村生活污染控制技术规范》《村镇生活污染防治最佳可行技术指南》《厌氧 – 缺氧 – 好氧活性污泥法污水处理工程技术规范》《人工湿地污水处理工程技术规范》《生物接触氧化法污水处理工程技术规范》《膜分离法污水处理工程技术规范》等工程技术规范，提出了化粪池、沼气池、人工湿地、土壤渗滤、稳定塘、生物接触氧化池、脱氮除磷活性污泥法、膜生物反应器等技术要求，明确了技术参数和经济适用性等。生态环境部制定了《县域农村生活污水治理专项规划编制指南（试行）》《农村生活污水处理设施水污染物排放控制规范编制工作指南（试行）》《农村生活污水治理技术手册》等文件，指导各地分区分类确定污染物排放控制要求，科学编制县域专项规划，整县推进农村生活污水治理，逐步形成纳入城镇污水管网、集中处理、分散处理三种模式。

住建部出台《分地区农村生活污水处理技术指南》《农村生活污水处理工程技术标准》《污水自然处理工程技术规程》《镇（乡）村排水工程技术规程》《小型生活污水处理成套设备》《小型生活污水处理设备标准》《小型生活污水处理设备评估规范》《农村生活污水处理设施运行维护技术规程》等标准，对各类污水处理工程技术和装备等提出规范性要求。

广东、浙江、江西、四川、福建等少数省份，针对农村生活污水处理设施建设与验收发布了标准规范。2019 年，广东省住房和城乡建设厅发布了《广东省农村生活污水处理设施建设技术规程》，对农村生活污水处理设施的设计水量和水质、污水收集系统、污水处理设施、施工要求、调试验收要求等进行了详细规定。2020年，浙江省住房和城乡建设厅发布了《农村生活污水处理设施建设和改造技术规程》，对农村生活污水处理设施建设和改造的设计、施工及验收等进行了详细规定。2021年，江西省生态环境厅发布了《农村生活污水处理工程验收技术指南（试行）》（征求意见稿），对农村生活污水处理工程施工质量要求、验收程序和验收内容等进行了详细规定。

《农村人居环境整治三年行动方案》明确要求，"健全农村生活垃圾污水治理技术、施工建设、运行维护等标准规范"。2019年，农业农村部、生态环境部、住建部、水利部、科技部、国家发展改革委、财政部等九部门联合印发《关于推进农村生活污水治理的指导意见》，提出"加快研究制定农村生活污水治理设施标准，规范污水治理设施设计、施工、运行管护等"。随着越来越多的标准、规范等出台，未来污水治理亦将更加规范。

1.2.2　国外农村生活污水治理技术与管理体系

1.2.2.1　法律法规

英美两国乡村和城市执行相同的污水治理法律法规，而日本则制定了两套法律体系。发达国家农村污水处理法律法规形成了涵盖源头排污、处理设施建设、资金、运营管理、后期评价的完整体系。

（1）美国污水治理法律法规分为联邦政府、EPA（Ethernet for Plant Automation）、州和民族地区三个层面。

联邦政府层面，1972年《清洁水法案》中提出最大日负荷总量（TMDL）计划，采用污染物消减制度，监控农村污水处理设施，对水质受损流域的污染源制定排放限值,控制总量;1987 年《水质量法案》补充面源污染控制和分散污水治理的法律条款,成为农村污水治理的法律依据。EPA 发布《分散式污水处理系统手册》和《分散式污水处理系统管理指南》,指导农村污水处理系统管理、建设和运维。州和民族地区的立法前提是保证公共健康和环境保护。

(2)英国有十几个与水质保护有关的法规条例。

1973 年,英国根据《水资源法》设立了 10 个公立水业管理局,负责制定水资源、保护水体和处理污水等法规。1989 年,英国通过新版《水资源法》,在英格兰和威尔士成立了 10 家水业集团处理污水。1991 年的《水资源法案》和 1995 年的《环境法案》是最重要的污水处理相关法律。2003 年《水资源法》重新修订后,污水处理标准更加严格。

(3)日本已形成完整的农村污水处理法律体系。

20 世纪 50 年代,日本政府出台了改善城市公共卫生环境的《清扫法》和《下水道法》。1969 年修订《建筑基准法》,旨在规范乡村地区粪便处理的净化槽技术与设施。1983 年制定《净化槽法》,规定净化槽的型式、施工、维护管理、清扫等,并于 2001 年和 2005 年分别进行了修订。1987 年启动合并处理净化槽设置整备事业,1994 年启动特定地区生活排水处理事业,制定市町村设置净化槽的补贴规定。此外,还出台了《净化槽法施行规则》《净化槽构造标准及解说》《农业村落排水设施设计指针》等一系列农村污水治理的规范细则。这些法律法规和标准指南共同构成了日本农村污水处理的法律体系。

1.2.2.2　建设管理

发达国家城市和农村污水处理设施建设管理执行相同的标准,农村污水处理设施建设管理充分依靠市场发挥作用。

(1)美国采用一种"集成—分散"式的管理模式,农村污水治理以环境保护为主要目的。

EPA与地方政府和非政府组织紧密合作，以EPA发布的指南和应用手册为基础，加强和完善对分散式处理系统多方位的管理监督。州和民族地区综合考虑流域一体化因素和当地条件；分散式污水处理系统由各行政部门管理。例如加利福尼亚州的污水排放许可证制度，规定私人建房必须建设污水处理系统。

（2）英国采用引入市场机制的办法来解决水环境保护问题。

英国的污水处理企业都是私人所有的，实施的是以流域为单元的综合性集中管理模式。英国由水务监管局（OFWAT）及环境、食品和农村事务部（DEFRA）两个政府部门，分别独立对水务公司的污水处理实行共同监督管理。DEFRA依据国家标准对环境违法问题拥有绝对起诉权。

（3）日本的农村污水处理倾向于通过政府部门实现水环境控制。

日本政府主导建立了一套较系统的由政府、用户与机构共同参与的农村污水治理体系，既能满足建设与环境保护的需求，又能保障民众卫生健康。日本的农村分散污水处理设施建设由政府行政机关、第三方机构（如非政府组织）和用户共同参与完成。政府部门主要负责污水处理设施的审批、监督和管理，并给予技术指导，污水处理设施的组织实施更强调用户、第三方行业机构及专业培训机构的重要作用。

1.2.2.3　资金投入

发达国家对农村污水处理设施的建设，通过不同方式给予持续资金投入。

（1）美国：联邦拨款与民间投资。

1987年之前，美国由联邦拨款计划提供大部分污水处理设施的建设费用，1990年联邦拨款计划结束时，已分配给污水处理工程超过

600 亿美元资金。1987 年开始实施的《清洁水法案》提出清洁水州滚
动基金计划，污水处理及相关的环保项目可使用水污染控制工程周转
基金，该基金占联邦政府分配给各州拨款的 20%。美国还鼓励民间投
资，主要以发行市政债券和建立从事基础设施建设的股份制公司为主，
为提高民间投资效率，政府设立了信息服务系统。

（2）英国：股权融资。

英国水务行业主要通过资本市场以股权融资的方式筹措资金。在
英格兰和威尔士地区，私有化的水务公司主要通过 PPP 项目融资。融
资后资金仍有缺口时，再采取公众筹资方式，政府在该产业不会增加
新的公共投资。

（3）日本：政府适当补助。

日本政府适当补助农村污水处理工程，原则是谁污染、谁出资和
居民自行建设并运行管理。小规模下水道及大部分农村污水处理事项
由地方自治体（市、町、村）管理，净化槽大部分是个人管理。市、
町、村的污水处理站和公共污水管网建设，费用由各级自治体筹集，
国家给予一定的财政支持，并按照基础水价加阶梯水价向用户收取水
费，以此回收全部运营成本。

1.3　农村生活污水治理情况

1.3.1　国外农村生活污水治理情况

1.3.1.1　美国治理进展情况

美国城镇化率高，农、林、渔业人口只占美国总人口的约 0.7%，
农村很少，分散的小型社区较多。美国分散污水处理的定义适用于农

村地区或人口低密度发展区和人口少于 1 万人的小型社区。分散处理系统是美国污水处理的一个非常重要的组成部分，主要代表是高效藻类塘，其是通过传统的稳定塘改进的，对化学需氧量（COD）、生化需氧量（BOD）、氨氮和病原体等具有较高去除率。约 25% 的人口采用分散处理系统，有超过 1/3 的新建社区采用分散污水治理方式。2001 年出台了导则，规定要有污水排放许可证。2002 年发布了《分散污水处理系统手册》，用于指导地方管理分散污水处理。2003 年发布了《分散污水处理系统管理指南》，用以引导地方政府和群众在适当的地方安装分散式污水处理系统，并配合管理、维护。

1.3.1.2 欧盟治理进展情况

欧盟各成员国的条件差异较大，对于水质和污水处理的要求也不完全相同。欧洲平均人口密度为 103 人 / 平方千米，各国污水收集率差异很大，实际上与我国各个省污水收集率存在差异的情况一样。

欧盟对分散污水的界定基本上分成两种：一种是小于 50 人口当量的小污水处理系统；另一种是 50~1000 人口当量的小污水处理厂。在欧盟制定的排放标准里，排放水质指标与处理设施规模有关。

1.3.1.3 澳大利亚治理进展情况

澳大利亚地广人少，平均人口密度为 3 人 / 平方千米。城市化率为 89%，农村人口约 250 万人，农村社区一般为 1000~10000 人口当量。在管理方面，澳大利亚采用城乡统一的法律和标准，颁布了可以指导具体实施的技术指南。国家和地方政府制定了相关的政策。

1.3.1.4 日本治理进展情况

日本 20 世纪 70 年代末开展"造村运动"，开创以净化槽为关键设施的分散式污水处理技术。日本农村生活污水主要通过三种模式得到治理，即家庭净化槽、村落排水设施和集体宿舍处理设施。1983 年，日本制定了《净化槽法》，并将村落排水处理设施定位于《净化槽法》。同时以多主体合作为平台，构建专业化、市场化运营体系。2015 年，日本全国污水处理覆盖率突破 90%，其中人口不足 5 万人的市、町、村污水处理覆盖率高达 77.5%。

1.3.1.5　韩国治理进展情况

从 20 世纪 70 年代开始，韩国的"新村运动"明显改变了韩国的农村经济，缩小了城乡之间的差距，农村人居环境得到有效改善。利用湿地处理后的污水浇灌水稻，可取得较理想的净化效果。常用的湿地植物有芦苇、灯芯草等，去污能力强，对病原体去除效果好。

综上所述，国外农村生活污水治理进展情况汇总见表 1-1。

1.3.1.6　农村生活污水处理设施出水标准

日本城市（人口＞5 万人或人口密度＞40 人 / 公顷的集中居住地）适用《下水道法》，乡村地区主要适用《净化槽法》。农村分散地区的污水处理主要采用净化槽。净化槽根据构造的不同可分为两种：一是根据日本建设部制定的《净化槽构造标准》规定制造的构造基准型；二是通过性能评价试验的性能基准型。净化槽已经在从构造基准型向性能基准型转换，采用去除 BOD 的同时能去除氮、磷的深度处理工艺的净化槽的数量在不断增加。深度处理型净化槽出水水质可达到：BOD 在 10mg/L 以下，SS 在 10mg/L 以下，TN 在 10mg/L 以下，TP 在 1mg/L 以下。

德国城市规模不大，居住形态以小城镇或乡村为主，多数人居住在 1000~2000 人口规模的村镇。德国按照人口当量规模，将污水处理厂分为五级，分级规定生活污水排放限值，总氮、总磷为环境敏感地区控制水体藻类生长的标准，具体生活污水排放限值见表 1-2。

表 1-1 国外农村生活污水治理进展情况

代表地区	国家	村庄规模	治理模式	代表技术	技术政策相关内容
欧美	美国	<10000人	分散处理系统	高效藻类塘，对COD、BOD、氨氮和病原体等具有较高去除率	2001年出台导则，规定要有污水排放许可证；2002年发布《分散污水处理系统手册》；2003年发布《分散污水处理系统管理指南》
	德国	1000~2000人	工业化集中式处理办法正被分流式污水处理新办法所替代	分流式污水处理系统（膜生物反应器，PKA湿地污水处理系统），主要是将污水分为雨水、灰水和黑水后分别处理	每个州都有自己的"水法"
	欧盟	小于50人口当量	小型污水处理系统	蚯蚓生态滤池（法），高效去污，同时降低污泥产量	欧盟制定的排放标准里，排放水质指标与处理设施规模有关
		50~1000人口当量	小型污水处理厂		
	澳大利亚	1000~10000人口当量		"FILTER"（非尔脱）污水处理系统	城乡统一的法律和标准，颁布了可以指导具体实施的技术指南
日韩	日本	人口<5万人或人口密度<40人/公顷	分散式污水处理模式	净化槽技术	20世纪70年代末开展"造村运动"；1983年制定《净化槽法》
	韩国		分散式污水处理模式	湿地污水处理系统	

表 1-2　德国生活污水处理排放标准（24h 混合样）

单位：mg/L

人口 （人口当量）	COD	BOD	NH_3-N	TN	TP
＜1000	150	40			
≥1000	110	25			
≥5000	90	20	10	18	
≥20000	90	20	10	18	2
≥100000	75	15	10	18	1

1.3.2　国内农村生活污水治理情况

1.3.2.1　总体治理进展情况

在国家政策的大力支持下，我国农村污水处理厂数量飞速增长，污水处理能力稳步提升，建设镇及乡污水处理厂数量由 2015 年的 3437 座增长至 2019 年的 12480 座。2020 年，我国农村污水处理工程持续推进，截至 2020 年年底，我国建设镇及乡污水处理厂数量分别达到了 11970 座和 1952 座，我国建设镇及乡污水日处理能力分别达到了 2753 万立方米 / 日和 115 万立方米 / 日。

据国家统计局统计，截至 2020 年 7 月，全国共建成集中式农村生活污水治理设施 10.3 万套，总处理规模约 1687 万吨 / 天。农村生活污水治理率达到 25.5%，东部、中部和西部地区农村生活污水治理率分别达到 36.3%、19.3% 和 16.8%。从行政村覆盖率看，天津、上海、浙江 3 省（直辖市）农村生活污水治理率较高，均达到 80% 以上。但整体来看，我国农村生活污水治理率较低，与国家《"十四五"土壤、地下水和农村生态环境保护规划》中提出的 2025 年农村生活污水治理率 ≥ 40% 的目标仍有较大差距。

《"十四五"土壤、地下水和农村生态环境保护规划》提出，我国农村生活污水治理的主要任务是加强城乡统筹治理，推进县域农村生活污水治理统一规划、统一建设、统一运行和统一管理。重点治理水源保护区、城乡接合部、乡镇政府驻地、中心村、旅游风景区等村庄生活污水。加强农村生活污水治理与改厕工作的有机衔接，已完成水冲厕所改造的地区，加快推进污水治理。积极推进污水资源化利用，因地制宜纳入城镇管网、集中或分散处理，优先推广运行费用低、管护简便的污水治理技术。聚焦解决污水乱排乱放问题，开展农村生活污水治理成效评估。到 2025 年，东部地区和城市近郊区等有基础、有条件的地区农村生活污水治理率达到 55% 左右，中西部基础条件较好的地区达到 25% 左右，地处偏远、经济欠发达地区的农村生活污水治理水平有新提升。

1.3.2.2 典型区县农村生活污水治理经验做法

（1）江苏省南京市。

南京市涉农区共有 7 个，共有行政村 544 个，自然村 6400 多个，2020 年常住农村人口 160.85 万人。截至 2020 年，全市 544 个行政村已完成污水处理设施全覆盖，自然村覆盖率提升至 80%，设施正常运行率稳定保持在 95% 左右。南京市农村生活污水治理经验主要包括四方面。

一是工作起步早，打下良好基础。作为全国首批农村环境连片整治示范地区之一，南京市从 2010 年开始至 2017 年示范工作结束，共获得中央和江苏省近 4.6 亿元的资金支持，建成 1200 多套农村污水处理设施，铺设管网 3000 余千米，覆盖 1500 余个自然村，为全市农村生活污水治理打下良好的工作基础。

二是坚持制度先行，加强组织领导。建立完善"市级统筹、区负总责、镇街落实"的农村生活污水治理工作机制。制定并印发了《关于进一步加强全市镇（街）、村生活污水处理设施建设管理水平的工作意见》《南京市农村生活污水治理提升行动方案》等指导性文件，明确农村污水处理设施建设运营的相关标准要求；指导各区编制《农村污水处理设施运维效率提升"一区一策"方案》，推动项目建设与日常管护同步设计、同步推进、同步落实，保障设施正常运行。

三是坚持科学规划，做到因地制宜。以区为单位，编制农村生活污水治理专项规划，重点突出行政村生活污水治理率、自然村生活污水治理率和农村生活污水治理农户覆盖率。结合城乡发展和村庄布点规划，选择规划保留点作为重点整治对象。对靠近城镇污水管网、人口密度大、污染负荷高、具备自流接入和转输条件的村，直接将污水纳入城镇污水处理系统。对不具备接管条件的村，根据农户聚居程度、地形地貌特点选择合适的分散处理模式，推广投资少、能耗低、资源利用率高、管护方便、实用性强的农村污水处理设施，使农村污水处理设施"建得起、用得起、管得起"。

四是坚持科学管理，强化监督考核。推行查水量、查电表、查水质、查接管、查台账的"五查"模式，要求每台污水处理设备必须配有独立电表，有条件的安装流量计，定期对污水处理设施运行情况进行摸排和分析，掌握运行工况；推进以区为单位的集中统一运维，通过政府购买服务、特许经营、EPCO招标等方式，建立专业化的运营管护队伍；鼓励有条件的地区建立农村污水处理综合监控信息平台，运用物联网技术实现农村污水处理的实时监控。建立完善"月报告、季通报、年考核"工作机制，组织专业技术人员开展农村污水处理设施运行管理专项考核，进一步提升监管的覆盖面。重点针对自然村生活污水治理覆盖率、农户接入率、设施有效运行率等指标进行考核评估，并将考核评估结果作为农村人居环境整治工作、污染防治攻坚战考核体系的重要内容。

（2）江苏省昆山市积极转换农村生活污水治理建管机制。

昆山市共有 680 个自然村（43100 户），其中重点、特色村有 220 个。昆山市对照高质量发展要求，大胆创新、积极转换建管机制，按照"统一规划、统一监管、统一建设管理、统一运行"的建管模式，大力推进农村生活污水治理。截至 2018 年，实现重点村、特色村污水处理设施全覆盖，圆满完成江苏省、苏州市下达的目标任务。农村生活污水处理率达 86% 以上，有效改善了农村人居水环境。

昆山市组建"农水办"，强化责任考核，将农村污水治理列入市政府年度民生实事工程，并与相关责任单位签订责任书，构建市、镇、村、建设单位和运行维护单位责任体系；学习先进经验，结合昆山市实际，因地制宜选择合理的治理模式和工艺技术；结合全市污水信息框架，建立农村生活污水治理设施管理信息平台，通过"互联网＋智能遥感"、云计算等信息技术、监理数字化服务网络和监控平台，构建"三层架构"的农村污水监控展示体系等。

（3）浙江省开化县实施农村污水治理设施设计、建设、运营一体化。

开化县位于浙江省西部钱塘江源头、浙皖赣三省交界处，县域总面积 2236.61 平方千米，下辖 8 镇 6 乡，255 个行政村，总人口约 36 万人，9.04 万户农户。除去 6 个准备移民村，全县行政村污水治理设施实现了全覆盖。2018 年，开化县为巩固治理成效，确保出水水质持续向好，进一步完善了专项规划；进一步健全了管护机制，实施"区长""站长"管理模式；进一步强化保障，做到人财物全面落实；形成开化"54321"运维模式，即五位一体、四级督查、三全到位、二长负责、一项专规。已累计建成农村污水处理终端 825 个，受益户数 9.6 万余户。

开化县加强顶层设计，高压推进农村生活污水治理，科学布点，高标准建设，污水处理设施全覆盖；因地制宜，确定治污模式；统一运行维护，运用信息化手段，推动运维工作有序开展。

（4）浙江省宁波市奉化区健全农村生活污水运维体系。

"五水共治"行动开展以来，奉化区加大了污水治理设施建设力度，并不断总结经验。建设污水处理工程达到了省定农村生活污水治理行政村覆盖率90%以上的目标。奉化区农村生活污水治理采用了A/O、厌氧＋土地渗漏、厌氧＋人工湿地、滴滤＋人工湿地、生物转盘等多种工艺。截至2020年，已经完成了207个行政村的生活污水治理设施建设，其中43个行政村采取纳管处理，164个行政村集中处理，有210个治理设施。

奉化区建立健全农村污水治理"三大体系"：一是建立健全运行维护管理体系，二是建立健全远程信息化体系，三是建立健全运行维护制度体系。同时根据制定的相关制度严格把关，保证污水治理设施顺利移交；统一设计，采用模块化技术，将污水治理设施分类，在每个模块内选择适用技术；针对农村生活污水治理设施运行维护工作量大、技术性强的情况，奉化区采用了委托第三方运行维护的管理模式，并从考核、监管、资金、宣传和培训五个方面实现长效管理。

（5）山东省齐河县加快推进农村生活污水治理。

近年来，齐河县委、县政府高度重视村镇生活污水治理工作，把村镇生活污水治理作为民生工程重点项目实施，县住房和城乡建设局立足部门职能，按照要求，强化措施，不断加强对村镇生活污水处理设施建设的督导服务，全县的村镇生活污水治理快速发展。

截至2019年3月，全县共建成小城镇和农村社区污水处理厂（站）35座，污水处理总规模1.545万吨/日。其中：小城镇污水处理厂6个，污水处理总规模0.95万吨/日；污水处理站29个，污水处理总规模0.595万吨/日。

山东省齐河县政府成立了领导小组，乡镇作为责任主体也设立了专门的专职机构，分别负责村镇生活污水处理设施建设的指导、协调服务与村镇生活污水设施的建设管理和运行。制定了《齐河县农村生活污水治理实施方案》，指导全县农村生活污水治理工作的开展。按照住建部"统一规划、统一建设、统一运营管理"的要求，编制完成《齐河县农村生活污水治理专项规划（2016—2030）》，确定全县镇村生活污水治理的工作重点、技术路线、改造模式、技术工艺及运维机制，指导全县农村生活污水与农户改厕一体化推进、专业化管理。

（6）福建省永春县因地制宜推进农村生活污水治理。

永春县辖22个乡（镇）、236个村（社区），总人口约60万人。永春县把农村生活污水垃圾治理作为争创联合国人居环境奖的重要抓手，大力推进污水治理，全力优化人居环境，全县236个行政村（社区）农村污水处理率达100%。永春县在全市率先开展分散式农村生活污水高效处理，已建有150座集中式农村生活污水处理设施，日处理总规模达1.2万吨，总投资约1.3亿元，数量和处理总规模处于泉州市前列。

永春县将农村生活污水处理作为规划的中心和重点，按照农村人口集散实际情况，合理布置，分步实施。积极创新农村生活污水处理模式，根据农村实际，采取不同治理方式进行处理；坚持把农村生活污水处理工程建设纳入流域综合治理示范项目、龙头项目、"一号工程"，举全县之力，攻治理之坚。

1.3.2.3　农村生活污水处理设施出水标准

目前，国家层面没有出台专门的农村生活污水处理设施水污染物排放标准。在省级层面，正式发布地方农村污水处理标准的有宁夏、山西、辽宁、北京、河北、浙江、重庆、陕西、福建等地，各地方标准指标见表1-3。

表1-3 地方标准对比

控制项目	辽宁	北京	重庆	河北	宁夏	山西	浙江	陕西	福建
pH值/无量纲	6~9	6~9	6~9	6~9	6~9	6~9	6~9	6~9	6~9
悬浮物（SS）（mg/L）	20~50	15~30	30~50	10~50	20~50	20~50	20~30	20~30	10~150
五日生化需氧量（BOD₅）（mg/L）		6~20		10~30	20~50	20~50			10~60
化学需氧量（COD_Cr）（mg/L）	60~100	30~100	80~100	50~150	60~120	60~150	60~100	60~150	50~150
氨氮（mg/L）	8~25	1.5~25	20~25	5~25	8~25	15~30	15~25	15 或无	5~25 或无
总氮（mg/L）	20 或无	15~20 或无		15~25 或无	20 或无	20 或无		20 或无	15~20 或无
总磷（以P计）（mg/L）	1~3 或无	0.3~1.0 或无	3~4	0.5~1 或无	1~2	1 或无	2~3	2~3	0.5~5
动植物油（mg/L）	3~5	0.5~3 或无	5~10	1~15	1~2		3~5	5~10	1~20
阴离子表面活性剂（LAS）（mg/L）		0.3~1.0 或无		0.5~10		1 或无			0.5~10
粪大肠菌群（MPN/L）		1000/10000		1000/10000	10000	10000 或无	10000		
色度（倍）				30~80					30~80

1.3.3 辽宁省农村生活污水治理情况

1.3.3.1 辽宁省农村生活污水治理现状

辽宁省共有 14 个地级市，1 个示范区，县级市 16 个，县 17 个，自治县 8 个，市辖区 59 个，乡镇 857 个，行政村 11609 个，乡村人口约 1390.6 万人。截至 2020 年，全省完成 2107 个行政村的生活污水治理，农村生活污水治理率为 18.1%，生活污水收集处理能力为 1.7 亿吨 / 年，具体情况见表 1-4。

表 1-4　辽宁省各市农村生活污水治理现状

市区	行政村总数（个）	已完成治理村数量（个）	农村生活污水治理率（%）
沈阳	1394	253	18.1
大连	920	564	61.3
鞍山	852	138	16.2
抚顺	585	47	8.0
本溪	288	51	17.7
丹东	669	53	7.9
锦州	1160	125	10.8
营口	644	119	18.5
阜新	590	72	12.2
辽阳	531	51	9.6
铁岭	1179	110	9.3
朝阳	1371	130	9.5
盘锦	312	293	93.9
葫芦岛	1066	77	7.2
沈抚示范区	48	24	50.0
合计	11609	2107	18.1

1.3.3.2　辽宁省农村生活污水处理工艺

辽宁省处理规模小于 $500m^3/d$（不包含 $500m^3/d$）的农村污水处理设施处理工艺可以分为 8 个类型：小型人工湿地、土壤渗滤、稳定塘、膜生物反应器、生物膜法、活性污泥法、其他小型一体化污水处理设施以及组合工艺。从设施完成时间上可以看出，近年来生物法的使用比例越来越高。处理工艺统计情况见表 1-5。

表 1-5　处理工艺统计表

工艺类型	设施数量占比（%）	处理规模占比（%）
小型人工湿地	16	32
土壤渗滤	38	2
稳定塘	5	24
膜生物反应器	3	2
生物膜法	7	6
活性污泥法	8	7
小型一体化污水处理设施	21	21
组合工艺	2	6

1.3.3.3　辽宁省农村生活污水治理模式

截至 2020 年，辽宁省农村污水处理主要采用三种处理模式：一是对距市区或区、县（市）建成区市政管网较近的村镇，采取就近接入污水处理厂集中处理模式。接入市政管网模式具有投资省、施工周期短、见效快、管理方便等特点。二是对村庄布局相对密集、人口规模较大、经济条件好、村镇企业或乡村旅游发达的远郊区及规模较大的行政村，采用常规生物处理（动力型设施）与自然处理组合等工艺模式。大部分采用水解酸化＋人工湿地、二级生化＋人工湿地等处理工艺。该模式具有占地面积小、抗冲击能力强、运行安全可靠、出水水质好等特点。三是对于村庄布局分散、人口规模较小、地形条件复杂、污水不易集中收集的村庄，采用分散式处理模式，主要是利用村屯原有坑塘、洼地建设氧化塘、表流湿地等无动力型设施，通过种植净水植物净化污水。分散式处理模式具有布局灵活、施工简单、管理方便、出水水质有保障等特点。

2021年9月，辽宁省出台《辽宁省农村生活污水资源化治理工作方案》，立足辽宁省农村实际，重点在地形复杂、居住分散、生活污水产生量少、没有地表径流、常住人口逐年减少等暂不具备工程治理条件的村庄实施资源化治理，降低治理成本，提高治理效率。主要以农村浅层地下水水质变化为指征，鼓励农户节约用水、源头减量、应用尽用。逐步摒弃农村窨井排污方式，规范生活杂排水收集回用，防止污水污染含水层。统筹考虑农村改厕需求，重点做好厕所粪污资源化利用，建立和推广农村生活污水资源化治理模式。

1.3.3.4 辽宁省农村生活污水治理运营模式

辽宁省处理规模小于500m³/d的农村污水处理设施的运行维护责任主体主要包括村委会、乡（镇）级人民政府、县（区）级人民政府和第三方运营机构，以及两方共同管理的情况。两方共同管理又有四种形式：县（区）政府＋第三方、乡（镇）政府＋第三方、村委会＋第三方、村委会＋乡（镇）政府。其中，第三方运营机构单独管理的比例最高，占整体的34%，双方共同管理占比为19%，村委会、乡（镇）级人民政府单独管理的比例相近，分别是24%和23%。

1.3.4 沈阳市农村生活污水治理情况

1.3.4.1 农村生活污水治理概况

沈阳市涉农地区包括新民市、法库县、康平县、辽中区、浑南区、于洪区、沈北新区、苏家屯区、铁西（经济开发区）。涉及乡镇

（街道、农场）120个，行政村1394个，自然村庄总数3271个。到"十三五"末，沈阳市农村生活污水治理率达到60%以上的行政村有327个，全市污水治理率达到23.4%，高于辽宁省平均水平以及辽宁省对沈阳市当前的治理要求。从区域来看，各区县的农村生活污水治理进度差距较大，其中，于洪区、浑南区和沈北新区的污水治理率整体高于全市平均水平，治理率分别达到55.6%、47.9%和37.4%；康平县、苏家屯区、铁西（经济开发区）、辽中区、法库县和新民市的污水治理率相对较低，分别为5.5%、12.6%、13.3%、15.2%、20.9%和22.1%，见表1-6。

表1-6　沈阳市污水治理率达60%的村庄分布情况

序号	区县名称	行政村（个）	人口数（人）	治理率达60%的行政村	
				治理村（个）	治理率（%）
1	于洪区	81	103694	45	55.6
2	浑南区	119	127480	57	47.9
3	沈北新区	123	139170	46	37.4
4	新民市	335	506058	74	22.1
5	法库县	225	336393	47	20.9
6	辽中区	184	290190	28	15.2
7	铁西（经济开发区）	45	83441	6	13.3
8	苏家屯区	119	173456	15	12.6
9	康平县	163	278620	9	5.5
	总计	1394	2038502	327	23.4

数据来源：沈阳市农村生活污水治理规划。

1.3.4.2　农村生活污水治理模式

沈阳市农村生活污水主要采用截污纳管、集中动力型设施治理和无动力设施治理三种处理模式，见表1-7。其中，采用截污纳管模式的村庄共51个，占比12.56%；采用集中动力型治理模式的村庄共95个，占比23.40%；采用无动力型设施治理模式的村庄共289个，占比71.36%。全市有15个行政村采取了多种治理模式相结合的方式，其中，采用截污纳管和集中动力型治理模式结合的行政村1个；采用截污纳管和无动力型设施治理模式结合的行政村4个；采用集中动力型治理和无动力型设施治理模式结合的行政村9个；三种模式均采用的行政村1个。

表1-7 已开展治理村庄的污水治理模式

序号	区县名称	污水治理模式		
		截污纳管（个）	集中动力型（个）	无动力型（个）
1	于洪区	0	5	42
2	浑南区	0	14	3
3	沈北新区	16	7	30
4	新民市	4	17	68
5	法库县	10	2	43
6	辽中区	11	23	26
7	经开区	2	7	3
8	苏家屯区	3	17	12
9	康平县	5	3	62
	总计	51	95	289

数据来源：沈阳市农村生活污水治理规划。

1.3.4.3 农村生活污水处理设施建设情况

（1）动力型污水处理设施。

采用集中动力型治理模式的村庄共95个，涉及常住人口179458人。建设集中动力型污水处理设施99个，污水处理能力达到66145t/d（见

表 1-8），其中，500t/d 以上的有 22 个，总处理量达到 47850t/d；50~500t/d 的有 70 个（含 500t/d），总处理量达到 17705 t/d；10~50t/d 的有 7 个（含 50t/d），总处理量达到 290 t/d。处理后出水水质达到《城镇污水处理厂污染物排放标准》（GB 18918-2002）一级 A 标准的有 66 个，达到二级标准的有 33 个。

表 1-8　沈阳市动力型设施数量及分布情况

区县	设施数量（个）	一级 A（个）	二级（个）	处理水量（t/d）
法库县	2	2	0	600
浑南区	16	14	2	4625
经开区	8	8	0	1850
康平县	3	3	0	620
辽中区	25	8	17	7410
沈北新区	7	5	2	3320
苏家屯区	17	15	2	24120
新民市	16	6	10	13100
于洪区	5	5	0	10500
总计	99	66	33	66145

数据来源：沈阳市农村生活污水治理规划。

（2）污水处理设施分布情况。

从全市污水处理设施分布来看，城乡接合部的动力型污水处理设施分布集中，于洪区北部、新民市东南部、辽中区西北部等区域是重点分布区域。在采用动力型治理模式的行政村中，乡镇政府驻地村庄和中心村的占比较高，其中，乡镇政府驻地村庄占比 26.3%，中心村占比 31.6%，见表 1-9。大部分设施处于重点流域内，占比 74.7%，具有动力型设施的区域黑臭水体较少，占比仅为 4.2%，可见动力型设施对于改善农村环境效果显著。相比而言，90% 的无动力型设施主要分布在非乡镇政府驻地村庄和非中心村。无动力型设施的分布相对分散，且主要位于小流域内，其周边区域的黑臭水体相比动力型设施周边区域更多。

表 1-9　已进行污水处理的村庄分布情况

行政村	乡镇政府驻地村庄	中心村	饮用水源地	重点流域	黑臭水体
动力型设施数量（个）及比例（%）	25	30	5	71	4
	26.3	31.6	5.3	74.7	4.2
无动力型设施数量（个）及比例（%）	32	35	11	127	71
	10.7	11.7	3.7	42.3	23.7

数据来源：沈阳市农村生活污水治理规划。

1.4　农村生活污水治理存在的问题及分析

1.4.1　农村污水处理项目资金投入不足

农村生活污水治理项目主要依靠中央和地方财政补助资金的支持，投入途径单一，对于民间资本的吸引不够，社会资本参与度不高，政府承担的农村环境保护任务艰巨。此外，在新农村基础设施建设中，一般优先考虑自来水、道路硬化，然后才是污水和垃圾处理，因此往往造成污水处理项目资金不足。

1.4.2　农村生活污水收集困难：以辽宁省为例

辽宁省农村配套污水处理设施管网基本采用的是边沟和污水管网两种形式，在有规划并且按照规划建设了部分管网的乡镇（村）中，绝大部分乡镇（村）仅落实了截流干管管网建设，污水产生单元（住户）的配套支管建设存在欠缺。居民产生的污水无法有效收集到主管网中，使污水管网收集效率降低。无动力型污水站所在乡镇排水系统基本采用自然土边沟、毛石或混凝土边沟、暗沟，可能存在渗漏及卫生环境问题。部分乡镇污水处理厂管网辐射面不够，导致污水实际处理量与设计污水处理量还有较大差距，管网配套还需进一步完善。已建农村小型污水处理设施管网入户率不高，而且部分村屯仅有老人、儿童留守，生活污水产生量小，由于长久以来的生活习惯，他们将生活杂排水（厨房、洗涤等）直接在院内或当街泼洒，自然下渗和蒸发，未能流入污水处理设施。

1.4.3　实际处理水量与处理规模不匹配：以沈阳市为例

沈阳市大部分农村地区存在"老小村""空心村"现象，而当下农村生活污水处理设施日均处理量大多按照农村户籍人口设计，对人口流动问题考虑不足，实际运行过程中普遍存在收集水量少导致的运行负荷偏低，甚至无法运行问题。而有些经济发达的农村，原设计中没有充分考虑旅游流动人口、农村散户养殖等，造成设计处理规模偏小及设计进水水质偏差。另外，大部分村屯按峰供水、阶段性给水，人均水资源使用量小于相关标准、规范中的居民生活用水定额。

1.4.4　污水处理工艺技术适用性不强

在现有农村污水处理中，部分污水处理技术过于复杂，工艺运行成本过高，没有考虑村庄的经济承受能力，基层政府无法承担，造成设施闲置。部分湿地、氧化塘的运行维护跟不上，有些设施已长时间失去功能，难以达到农村生活污水达标处理的目的。此外，广大农村居民的认知程度也有明显差异，在农村生活污水处理方面，缺乏系统的观念，农村生活污水与改厕进行一体化处理的有效衔接程度不足。

1.4.5　污水处理设施建设质量标准不统一

部分农村地区统筹规划不合理或用地问题难以协调，使得污水处理设施实际选址未能因地制宜，收水距离过长且污水管道随输水距离的延长而埋深加深，导致施工难度加大，管线易沿途渗漏，甚至出现污水难以汇入设施的情况，影响污水处理设施正常运行。个别设施土建施工由村里自行建设，缺乏技术人员指导，施工随意性较大，没有专人监管，施工质量难以保证，出现构筑物渗漏、管口移位等情况。

1.4.6　后期运营保障体系不健全

农村生活污水处理设施运行缺乏有效的监管考核约束机制，监督管理效率较低。由于设施分布点多、面广、线长问题突出，部分运营单位因运行费用拨付不到位或受利益驱动，未严格按照标准开展运行工作，影响污水处理效果。现有处理设施还不具备实时监控条件，监管部门难以及时准确掌握设施运行状况。

农村生活污水处理设施运行维护专业程度不够。受运行维护资金投入限制，运行维护专业技术人员缺乏，现场多聘请当地农民配合管理，他们难以胜任专业化的系统维护。粗放型的运行维护机制无法优化管理、节约运行成本，对运行中的部分技术问题解决不及时，不利于设施稳定运行。

部分农村地区基础设施薄弱，设施运行维护配套保障度低。污水处理设施运行所需要的供电、供水以及供暖等多为临时供应，经常出现停电、停水等情况。大部分农村生活污水处理设施建成较早，出现设施陈旧、设备老化的状况。但政府财政预算并未列支有关设备大修的经费，致使设施维修、设备更换不及时。农村地区尚未征收污水处理费，污水处理设施运行费用来源以政府补贴为主，部分区县财政预算列支不足，致使运行维护资金保障度低。

2 农村生活污水特征调查与分析

2.1 农村生活污水水量调查

农村生活污水指农村地区居民生活所产生的污水，主要是冲厕、炊事、洗衣、洗浴、清扫等生活行为产生的污水。以辽宁省为例，辽宁省农村生活污水水质水量的参考依据主要为《辽宁省农村生活污水处理技术指南》（DB21/T 2943-2018）和《镇（乡）村排水工程技术规范》（CJJ 124-2008）等文件，规范中结合居民生活水平、用排水条件等状况，分类提供用排水量的区间范围，水质为黑水与灰水的综合污水指标范围。辽宁省内的地域差异，导致省内各地经济结构、居民生活方式和生活习惯、节水水平、水资源条件等不同，农户厕所包括室内水冲厕所、室外卫生厕所及旱厕等。未采用水冲厕所的村庄生活污水以灰水为主，灰水水质和水量与综合生活污水存在很大的差异。因此，需要对农村生活灰水排放源进行调查监测，查清灰水排放量、来源及其污染物浓度，从而有效地指导农村生活污水的管理、收集与处理。

2.1.1 调查对象

选取沈阳市沈北新区柳条河、北四家子村作为农村生活污水排放量及特性分析调研村庄，依据常住人口及农户自愿原则，共选取 10 户农户进行农村生活污水排放量调查。

调查 10 户农户常住人口数量为 2~5 人 / 户，其中 7 组为 2 人 / 户、1 组为 4 人 / 户、2 组为 5 人 / 户。合计常住人口为 28 人，平均 2.8 人 / 户。其中，有成人 19 人，儿童 1 人，老人 8 人，主要以成人和老人居住为主，儿童较少，见表 2-1。

表 2-1　常住人口人员情况分布表

农户	常住人口	成人	儿童	老人	农户	常住人口	成人	儿童	老人
农户 1	2	2			农户 6	4	2		2
农户 2	2	2			农户 7	2	2		
农户 3	2	2			农户 8	2	2		
农户 4	5	2	1	2	农户 9	2			2
农户 5	5	3		2	农户 10	2	2		

2.1.2 调查方式

采用入户实地考察与问卷调查相结合的调查方式，对农户每日生活用水连续三天进行采样。将生活污水分为餐前废水、餐后厨余废水、洗衣废水、盥洗废水四类，调查前发给调查户 4 个标有刻度的塑料桶，用于分类收集各类生活污水，按照生活污水产生量记录表填报上午（5:00-11:00）、下午（11:00-16:00）、晚上（16:00-22:00）三个时间段的废水产生量，见表 2-2。

表 2-2　生活污水产生量记录表

采样地点：　　　　　市　　　　区　　　　村　　　　户名：

生活废水产生时间	类型及产生量	
第一天　2022 年　月　日		
上午 5:00–11:00	☐ 厨余废水（餐后餐具、厨具洗涤）	＿＿＿ L
	☐ 洗衣废水	＿＿＿ L
	☐ 盥洗废水（洗漱、清洁房屋灰尘等）	＿＿＿ L
	☐ 餐前洗米、洗菜等厨房废水	＿＿＿ L
下午 11:00–16:00	☐ 厨余废水（餐后餐具、厨具洗涤）	＿＿＿ L
	☐ 洗衣废水	＿＿＿ L
	☐ 盥洗废水（洗漱、清洁房屋灰尘等）	＿＿＿ L
	☐ 餐前洗米、洗菜等厨房废水	＿＿＿ L
晚上 16:00–22:00	☐ 厨余废水（餐后餐具、厨具洗涤）	＿＿＿ L
	☐ 洗衣废水	＿＿＿ L
	☐ 盥洗废水（洗漱、清洁房屋灰尘等）	＿＿＿ L
	☐ 餐前洗米、洗菜等厨房废水	＿＿＿ L
第二天　2022 年　月　日		
上午 5:00–11:00	☐ 厨余废水（餐后餐具、厨具洗涤）	＿＿＿ L
	☐ 洗衣废水	＿＿＿ L
	☐ 盥洗废水（洗漱、清洁房屋灰尘等）	＿＿＿ L
	☐ 餐前洗米、洗菜等厨房废水	＿＿＿ L
下午 11:00–16:00	☐ 厨余废水（餐后餐具、厨具洗涤）	＿＿＿ L
	☐ 洗衣废水	＿＿＿ L
	☐ 盥洗废水（洗漱、清洁房屋灰尘等）	＿＿＿ L
	☐ 餐前洗米、洗菜等厨房废水	＿＿＿ L
晚上 16:00–22:00	☐ 厨余废水（餐后餐具、厨具洗涤）	＿＿＿ L
	☐ 洗衣废水	＿＿＿ L
	☐ 盥洗废水（洗漱、清洁房屋灰尘等）	＿＿＿ L
	☐ 餐前洗米、洗菜等厨房废水	＿＿＿ L

续表

生活废水 产生时间	类型及产生量	
第三天　2022 年　月　日		
上午 5:00~11:00	☐ 厨余废水（餐后餐具、厨具洗涤）	＿＿＿ L
	☐ 洗衣废水	＿＿＿ L
	☐ 盥洗废水（洗漱、清洁房屋灰尘等）	＿＿＿ L
	☐ 餐前洗米、洗菜等厨房废水	＿＿＿ L
下午 11:00~16:00	☐ 厨余废水（餐后餐具、厨具洗涤）	＿＿＿ L
	☐ 洗衣废水	＿＿＿ L
	☐ 盥洗废水（洗漱、清洁房屋灰尘等）	＿＿＿ L
	☐ 餐前洗米、洗菜等厨房废水	＿＿＿ L
晚上 16:00~22:00	☐ 厨余废水（餐后餐具、厨具洗涤）	＿＿＿ L
	☐ 洗衣废水	＿＿＿ L
	☐ 盥洗废水（洗漱、清洁房屋灰尘等）	＿＿＿ L
	☐ 餐前洗米、洗菜等厨房废水	＿＿＿ L

1. 采样村户基本信息：

常住人口数 ＿＿＿ 人；其中，成人 ＿＿＿ 人，儿童 ＿＿＿ 人，老人 ＿＿＿ 人。

2. 供水排水情况

☐ 自来水全天供水；☐ 来水定时供水（　小时 / 天）；☐ 自备井

☐ 室内有下水道、室外窨井；☐ 庭院泼洒、土地消纳；☐ 排至村内边沟

3. 储水情况

☐ 有蓄水箱　　☐ 水缸蓄水　容积 ＿＿＿ L，蓄水周期 ＿＿＿ 次 / 天

4. 浴室情况

☐ 室内有浴室　　热水器容积 ＿＿＿ L，洗浴频次 ＿＿＿ 次 / 周

☐ 无浴室

5. 厕所

☐ 室内水冲厕　☐ 室外无害化厕所　☐ 简易旱厕

备注：

2.1.3　农户供排水情况

调查农户对于灰水的排放及利用。淘米水、洗菜水等感官上相对清洁的废水，农户更习惯用于庭院灌溉、喂养家养畜禽等；洗衣、盥洗的废水以排入窖井、庭院泼洒或边沟倾倒为主；含油废水由于油污不易清除、时间长了会有异味等，一般会由农户主动收集并移至庭院外排放。调查的10户农户的供水设施、排水设施基本情况见表2-3。

表 2-3　10 户农户的供排水情况

农户编号	供水情况	厨房下水道	室内沐浴装置	灰水排放方式
1	定时供水	无	无	村内边沟
2	定时供水	有	无	村内边沟
3	定时供水	无	无	村内边沟
4	定时供水	无	无	庭院泼洒
5	定时供水	无	无	村内边沟
6	基本全日供水	有	有	室外窖井
7	基本全日供水	有	无	室外窖井
8	基本全日供水	有	无	室外窖井
9	基本全日供水	有	有	室外窖井
10	基本全日供水	有	无	室外窖井

10户农户中，5户家中基本实现全日供水，5户仅为定时供水；厨房设有下水道的共6户，其中5户通入室外窖井，1户通向村内边沟；具备室内沐浴条件的有2户，洗浴水通过管道排入室外窖井，其余8户均无室内沐浴装置。

室外旱厕在北方农村地区较为常见，10户中仅4户同时建有室内水冲厕所，但使用频率不高。现场调查情况如图2-1所示。

图 2-1 现场调查照片

2.1.4 生活污水水量分析

10 户农户上午每户平均排放农村生活污水 41.0L，下午每户平均排放农村生活污水 28.8L，晚间每户平均排放农村生活污水 44.7L。

农户每餐餐后产生的厨余废水为 3~20L，全天合计产生的厨余废水平均为 23.5L/ 户·天；每次洗衣废水排量为 3~150L，全天合计洗衣废水排量平均为 48.3L/ 户·天；每次盥洗废水排量为 2~40L，全天平均盥洗废水排量为 21.1L/ 户·天；每次餐前废水排量为 1.5~25L，全天平均为 21.6L/ 户·天。合计全天平均用水量为 114.5L/ 户·天。其中，餐前废水占总排水的 19%、餐后厨余废水占总排水的 21%、盥洗废水占总排水的 18%、洗衣废水占总排水的 42%，如图 2-2 所示。

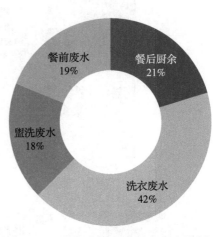

图 2-2　各类农村生活污水所占比例

调查农户每天人均排水量为 8.4~76.5L，平均值为 34.4 L/ 人·天。调查农户每天人均排水量低于 20L 的农户有 2 户，每天人均排水量为 20~40L 的农户有 5 户，人均排水量大于 40L 的农户有 3 户，如图 2-3 所示。

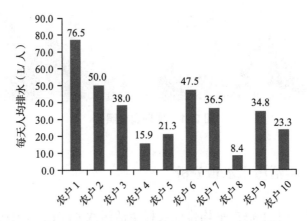

图 2-3　调查农户人均农村生活污水排放量

2.2 农户生活污水水质监测与分析

2.2.1 监测指标

监测水质类型包括洗衣废水、餐前废水、餐后废水以及盥洗废水四类，监测指标包括总氮、总磷、氨氮、COD、SS、pH常规指标以及阴离子表面活性剂、动植物油、粪大肠菌群特征指标等。

2.2.2 监测时段

对农户每日生活用水连续三天进行采样，并按照上午、下午、晚上三个时段分别进行采集。现场采样情况如图2-4所示。

图 2-4 采样照片

2.2.3 监测水质分析

10 户农户的餐前废水 pH 值范围为 6.5~7.6，均值为 7.24（无量纲）；氨氮范围为 0.418~22.3mg/L，均值为 5.75mg/L；化学需氧量范围为 104~240mg/L，均值为 142.2mg/L；总磷范围为 1.02~3.42mg/L，均值为 2.137mg/L；总氮范围为 3.56~25.3mg/L，均值为 10.04mg/L；悬浮物范围为 18~28mg/L，均值为 22.0mg/L，如图 2-5 所示。未检出阴离子表

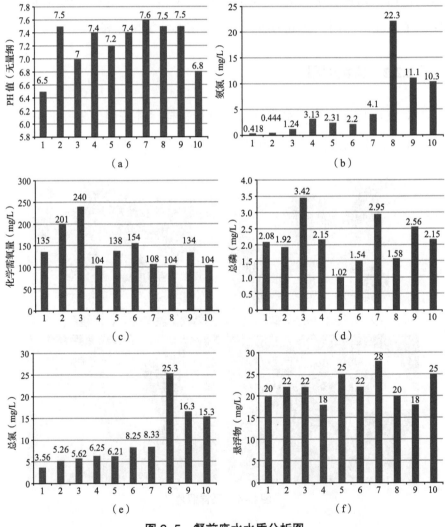

图 2-5 餐前废水水质分析图

面活性剂和动植物油类。

10 户农户的餐后废水 pH 值范围为 6.5~7.8，均值为 7.29（无量纲）；氨氮范围为 1.74~78.3mg/L，均值为 18.5mg/L；化学需氧量范围为 105~248mg/L，均值为 160.2mg/L；总磷范围为 2.04~8.26mg/L，均值为 4.53mg/L；总氮范围为 7.25~81.3mg/L，均值为 23.58mg/L；悬浮物范围为 18~27mg/L，均值为 22.5mg/L；阴离子表面活性剂范围为 4.86~12.4mg/L，均值为 8.46mg/L；动植物油类范围为 8.91~20.4mg/L，均值为 17.231mg/L，如图 2-6 所示。

10 户农户的盥洗废水 pH 值范围为 6.8~7.8，均值为 7.26（无量纲）；氨氮范围为 0.59~47.90mg/L，均值为 9.16mg/L；化学需氧量范围为 129~210mg/L，均值为 159.7mg/L；总磷范围为 3.58~10.30mg/L，均值为 7.54mg/L；总氮范围为 4.33~53.90mg/L，均值为 13.7mg/L；悬浮物范围为 15~27mg/L，均值为 22.9mg/L；阴离子表面活性剂范围为 5.14~52.40mg/L，均值为 15.56mg/L，如图 2-7 所示。未检出动植物油类。

10 户农户的洗衣废水 pH 值范围为 6.8~7.5，均值为 7.28（无量纲）；氨氮范围为 5.67~43.70mg/L，均值为 19.88mg/L；化学需氧量范围为 218~348mg/L，均值为 296.5mg/L；总磷范围为 9.15~15.4mg/L，均值为 11.35mg/L；总氮范围为 13.2~65.2mg/L，均值为 30.66mg/L；悬浮物范围为 19~29mg/L，均值为 25.5mg/L；阴离子表面活性剂范围为 24.5~95.6mg/L，均值为 61.48mg/L，如图 2-8 所示。未检出动植物油类。

四种类型废水的 pH 值、悬浮物无较明显差异，餐后废水和洗衣废水的氨氮、总氮值较高，洗衣废水的化学需氧量和总磷较高。餐前废水中未检出阴离子表面活性剂，除餐后废水外，其他类型的废水未检出动植物油类（见表 2-4）。

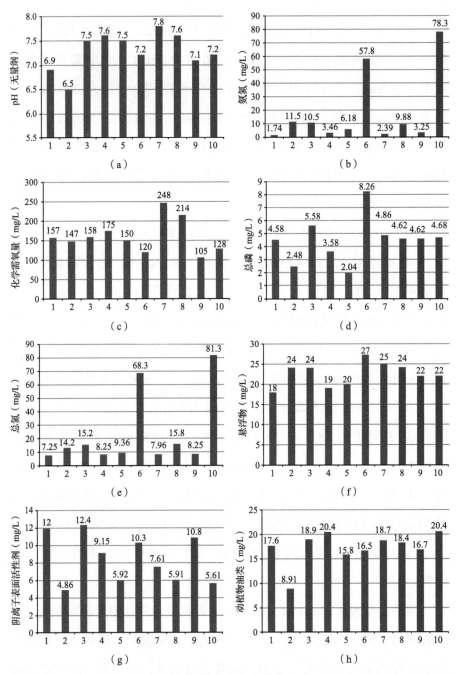

图 2-6　餐后废水水质分析图

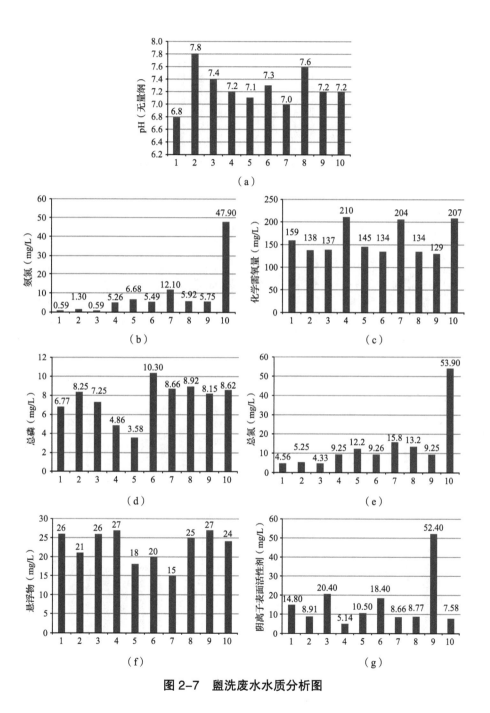

图 2-7 盥洗废水水质分析图

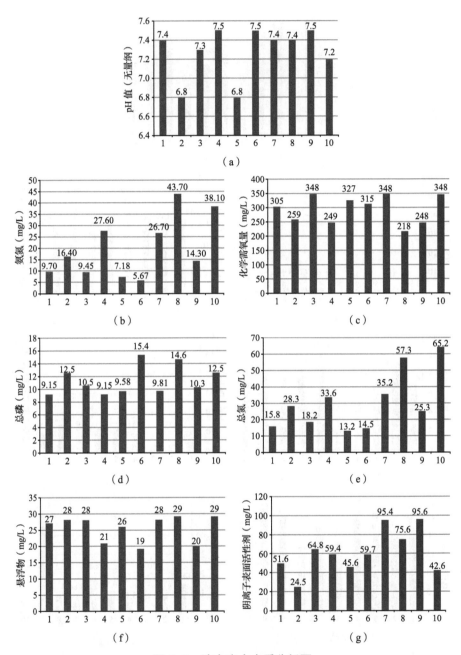

图 2-8　洗衣废水水质分析图

表 2-4　农村生活污水水质均值表

单位：mg/L

污水分类	pH 值（无量纲）	氨氮	化学需氧量	总磷	总氮	悬浮物	阴离子表面活性剂	动植物油类
餐后废水	7.29	18.50	160.2	4.53	23.59	22.5	8.456	17.231
餐前废水	7.24	5.75	142.2	2.14	10.04	22.0		
盥洗废水	7.26	9.16	159.7	7.54	13.70	22.9	15.556	
洗衣废水	7.28	19.88	296.5	11.35	30.66	25.5	61.48	

3 农村生活污水治理模式及处理技术

3.1 农村生活污水治理模式分类

我国农村地区的特点是面广、分散，同时各省、市地形地貌各不相同、复杂程度高。因此，未来我国农村污水处理将会更加重视因地制宜。对于规模较大、人口较集中的村庄将会采用村集中处理；对于有条件且靠近城镇的村庄将会纳入城镇生活污水处理系统；而对于人口密度较低的村庄将会采用分散处理模式。未来，农村生活污水治理需要将集中式处理、纳入城镇生活污水处理系统、分散式污水处理进一步结合。主要污水治理模式包括城镇集中型治理模式、相对集中型治理模式、农户分散型治理模式、生活污水资源化治理模式四种。

3.1.1 城镇集中型治理模式

指将城镇周边村庄的生活污水集中收集，统一接入邻近市政污水管网，纳入城镇污水处理厂统一处理。该模式具有投资省、施工周期短、见效快、统一管理方便等特点，同时具有良好的污水治理效果以及运行管理模式。农村生活污水有条件接入邻近市政污水管网的，首选城镇集中型治理模式。

3.1.2 相对集中型治理模式

指在村庄内部建设污水治理设施，将农户产生的污水进行集中收集、统一处理。为节省投资且便于集中管理，临近村庄亦可采取多村联合建设的方式，实现区域统筹、共建共享。该模式具有施工简单、节约费用和易于维护等特点。居住区相对集中的单个村庄或相邻村庄，可选择集中处理模式。

3.1.3 农户分散型治理模式

指根据地形、地势特点等将农村居民分为若干片区，按片区铺设污水管道或暗渠收集污水，就近建设污水处理设施。对人口较少、污水产生量较小的村庄，实现化粪池配备到位，优先通过庭院绿化、农田灌溉等途径就地就近利用。该治理模式具有布局灵活、节约管网铺设成本、施工简单等特点。对位置偏远、地形条件复杂、污水不宜集中收集的村庄，可选择分散型治理模式。

3.1.4 生活污水资源化治理模式

指生活污水经过无害化处理以后，进入农村的小菜园、小果园、小花园，包括农田灌溉系统等。这种治理模式建设成本较低，同时与农民的日常生活紧密相关，农民群众的接受度比较高。

3.2　污水处理技术 / 工艺确定

随着国家对农村生活污水处理越来越重视，涌现出各种各样的实用技术及工艺，包括化粪池、土地渗滤、人工湿地、A/O、A²/O、生物接触氧化、MBR、SBR 及各种处理技术的不同组合。

3.2.1　技术 / 工艺类型概述

3.2.1.1　化粪池

化粪池是处理粪便并加以过滤沉淀的设备。

（1）化粪池原理。化粪池是一种利用沉淀和厌氧发酵的原理，去除生活污水中悬浮性有机物的处理设施，属于初级的过渡型生活污水处理构筑物。生活污水中含有大量粪便、纸屑、病原虫等。悬浮物固体浓度在 100~350mg/L 之间，化学需氧量浓度在 100~400mg/L 之间。污水进入化粪池经过 12~24h 的沉淀，可去除 50%~60% 的悬浮物。沉淀下来的污泥经过 3 个月以上的厌氧发酵分解，使污泥中的有机物分解成稳定的无机物，易腐败的生污泥转化为稳定的熟污泥，改变污泥的结构，降低污泥的含水率。然后定期将污泥清掏外运，填埋或用作肥料。要求：化粪池的沉淀部分和腐化部分的计算容积，应按《建筑给水排水设计规范》（GB 50015–2003）第 4.8.4 条至 4.8.7 条确定。污水在化粪池中停留时间宜为 12~36h。对于无污泥处置的污水处理系统，化粪池容积还应包括贮存污泥的容积。

（2）化粪池特点。当前的化粪池一般由相连的 3 个池子组成，各池容积比原则上为 2：1：3。中间通过两个过粪管连通，主要是利用厌氧发酵、中层过粪和寄生虫卵比重大于一般混合液比重而易于沉淀的原理，粪便在池内经过 30 天以上的发酵崩解，中层粪便依次从第 1 池流至第 3 池，以达到沉淀和杀灭粪便中致病因子的目的，第 3 池的粪液成为无害化的优质生态农家肥。其基本结构如图 3-1 所示。

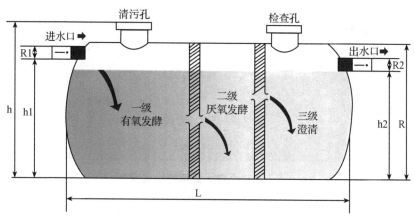

图 3-1　三格化粪池的基本结构

3.2.1.2　土地渗滤

（1）工艺原理。利用在地表下面的土壤中栖息的土壤动物、土壤微生物、植物根系以及土壤所具有的物理、化学特性将污水净化。

（2）模式特点。优点是无需动力设施，工程造价低、运维简单。缺点是处理污水的渗滤场占有一定的面积，且易受当地地下水位影响。

（3）适用地区。适用于改厕模式为室外旱厕、农户排水以灰水为主、庭院面积较大、地下水位较低的农村地区。

土地渗滤系统的框架如图 3-2 所示。

3.2.1.3　人工湿地

人工湿地是由人工建造和控制运行的与沼泽地类似的地面，将污水、污泥有控制地投配到经人工建造的湿地上，污水与污泥在沿着一定方向流动的过程中，主要利用土壤、人工介质、植物、微生物的物

图 3-2　土地渗滤系统示意图

理、化学、生物三重协同作用，对污水、污泥进行处理的一种技术。其作用机理包括吸附、滞留、过滤、氧化还原、沉淀、微生物分解、转化、植物遮蔽、残留物积累、蒸腾水分和养分吸收等。人工湿地示意图如图 3-3 所示。

图 3-3　人工湿地示意图

（1）工艺原理。人工湿地处理污水的原理较为复杂，目前还有待进行深入研究，其去除机理和去除途径与自然湿地基本相同。利用其巨大表面积，特定的化学组成、无数的植物根系及其代谢产物（氧、生物活性物质）为污染物的过滤截留、物理和化学吸附、化学分解和沉淀、生物摄取和氧化分解、矿化等提供了很好条件。污水中的有机物主要依靠人工湿地床基内的物理学和生物学的综合过程去除。不溶性有机物被过滤截留、水解、生物摄取和氧化分解，溶解有机物直接被水解、生物摄取和氧化分解。人工湿地植物的代谢生长过程将从污水吸收的氮、磷、有机物、无机盐等转化为可通过收割移走并进一步资源化利用的生物。污水中一些微量的金属通过人工湿地床基的吸附或沉淀作用去除，或被湿地植物吸附、吸收去除。污水中大部分病原菌和病毒被人工湿地床基的好氧微型生物摄食分解，部分被植物根系分泌物杀灭。

（2）模式特点。人工湿地处理系统具有缓冲容量大、处理效果好、工艺简单、投资省、运行费用低等特点，非常适合中、小城镇的污水处理。

但也有不足，主要是占地面积大和易受病虫害影响。

3.2.1.4　A/O工艺

指生活污水经格栅去除大颗粒及纤维状杂质后流入调节池，通过风机向池内充气搅拌，控制供气量，使污水充分地均质，并起预曝气和防止杂质沉降等作用。调节池内的水经潜污泵提升至污水处理系统。污水处理系统由缺氧池、好氧池、沉淀池等组成。在缺氧池内，污染物质首先经缺氧型微生物的水解、酸化作用逐步分解成有机酸、醇等小分子、小颗粒物质，有利于污染物质在好氧池内进一步降解，并且在池内设有曝气装置，使生物与污水充分混合，加快它们的反应速度，且构成一个缓冲能力极强的混合体系，保证处理装置的稳定运行。

缺氧池的出水进入好氧池，污水中有机污染物经活性污泥的吸附、降解等作用（活性污泥在氧的参与、作用下对有机物进行分解和机体新陈代谢），产生了二氧化碳等无机物，同时将氨氮转化为硝酸盐氮。在这些过程的综合作用下，废水中有机物、氨氮的含量大大减少，因此得到了净化（如图 3-4 所示）。其中 COD_{cr}、BOD_5、NH_3-N 等大部分被去除，COD_{cr} 去除率可达 75%~85%，BOD_5 去除率可达 90%~95%，NH_3-N 去除度可达 50%~60%。

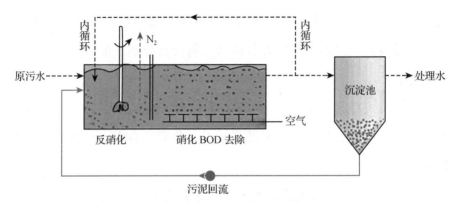

图 3-4　A/O 工艺示意图

好氧池的出水进入二沉池，二沉池的主要作用为满足活性污泥、游离菌胶团、有机杂质等的泥水沉降分离。

后续沉淀池中的污泥回流至缺氧反应器，其中伴有在好氧反应器内形成的硝酸盐氮。进水中丰富的碳源可促进反硝化过程的发生，将硝酸盐氮转化为氮气排出系统外，从而实现总氮的去除。然而，由于缺氧反应器内的硝酸盐氮只有伴随回流污泥的那部分，所以反硝化过程受回流比的限制较大，脱氮效率不稳定。

3.2.1.5　A^2/O 工艺

指厌氧—缺氧—好氧工艺，主要由厌氧池、缺氧池、好氧池、二沉池和回流系统组成。二沉池的污泥回流到厌氧池，在厌氧状态下，污泥中的聚磷菌释放出磷；厌氧池的出水进入缺氧池，反硝化菌将内回流带入的硝酸盐氮通过生物反硝化作用转化成氮气逸入大气，从而达到脱氮的目的；缺氧池的出水进入好氧池，进行好氧生物降解，硝化菌将水中的氨氮转化成硝酸盐，聚磷菌超量吸收磷，通过剩余污泥的排放将磷去除（如图 3-5 所示）。A^2/O 工艺可以实现同步除磷脱氮，效果良好，而且总水力停留时间较短，不需加药，处理过程中厌氧、缺氧、好氧处理过程交替进行，可有效改善污泥的运行状况，使出水水质更加稳定。

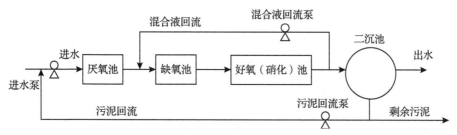

图 3-5　A^2/O 工艺示意图

3.2.1.6　生物接触氧化工艺

生物接触氧化工艺是生物膜法的一种，是从生物膜法派生出来的一种污水生物处理工艺方法。

该工艺在池内装填比表面积大、空隙率高、有一定生物膜附着力的填料，污水全部浸没填料，填料上长满生物膜，在生物膜内微生物的作用下，污水得到净化。该工艺采用与曝气池相同的曝气方法（如图 3-6 所示），提供微生物所需的氧量，并起到搅拌与混合的作用，相当于在曝气池内投加填料，以供微生物栖息，是一种介于活性污泥法与生物滤池之间的生物处理法，可有效地去除污水中的悬浮物、有机物、氨氮、总氮等污染物。

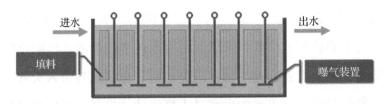

图 3-6　生物接触氧化示意图

根据污水处理流程，接触氧化技术可分为一级接触氧化、二级接触氧化和多级接触氧化。根据曝气装置位置的不同，接触氧化池在形式上可分为分流式和直流式。分流式接触氧化池的污水先在单独的隔间内充氧后，再缓缓流入装有填料的反应区；直流式接触氧化池是直接在填料底部曝气。

3.2.1.7　MBR 工艺

膜生物反应器（MBR）是 20 世纪末发展起来的高新技术，它是膜分离技术和活性污泥生物技术的结合。其高效的固液分离使出水水质良好，悬浮物和浊度接近于零，将生活污水处理后可直接回用。

MBR 工艺一般包括预处理系统、生化处理系统、辅助系统。预处理系统由预处理池、调节池与格栅组成；生化处理系统由缺氧池、好氧池、膜生物反应池组成；辅助系统是指加药系统及消毒系统。

在膜生物反应器中，膜组件浸放于好氧曝气区中，由于膜的微小孔径可阻止细菌通过，所以将菌胶团和游离细菌全部保留在曝气池中，只将过滤过的水汇入集水管中排出，达到泥水分离，免除了二沉池。各种悬浮颗粒、细菌、藻类、浊度和 COD 及有机物均得到有效的去除，保证了出水悬浮物接近零的优良出水水质。MBR 工艺流程如图 3-7 所示。

技术优点：出水水质标准高，出水水质稳定，抗冲击负荷高，安全可靠；除磷脱氮效果好，处理效率高；构筑物少，占地面积小。

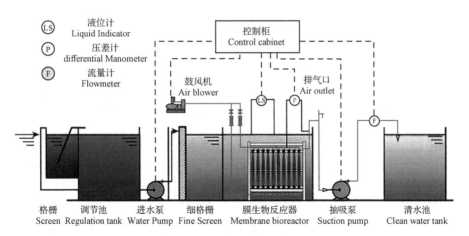

液位计 Liquid Indicator
压差计 differential Manometer
流量计 Flowmeter

控制柜 Control cabinet

鼓风机 Air blower
排气口 Air outlet

格栅 Screen　调节池 Regulation tank　进水泵 Water Pump　细格栅 Fine Screen　膜生物反应器 Membrane bioreactor　抽吸泵 Suction pump　清水池 Clean water tank

图 3-7　MBR 工艺示意图

技术不足：膜设备一次性投资相对较高；后期运行费用高；膜组件使用寿命较短；运行管理人员需经过专业培训。

适用范围：饮用水水源地保护区、风景区或人文旅游区、自然保护区、重点流域等环境敏感区；处理水浓度高且出水水质要求高，出水直接排入水体或回用的地区。

3.2.1.8　SBR 工艺

SBR 是序列间歇式活性污泥法（Sequencing Batch Reactor Activated Sludge Process）的简称，是一种按间歇曝气方式来运行的活性污泥污水处理技术，又称序批式活性污泥法。SBR 采用时间分割的操作方式替代空间分割的操作方式，采用非稳态生化反应替代稳态生化反应，采用静置理想沉淀替代传统的动态沉淀。可根据时间安排曝气、缺氧和厌氧的不同状态，实现除磷脱氮的目的。

SBR 工艺在水力混合方式上属于完全混合式，污水进入曝气池后立即与池内活性污泥和氧混合，具有完全混合式的特征。但在有机物降解方面是时间上的推流式，BOD 浓度随反应时间的增加而降低。该工艺由一个或多个 SBR 反应器组成，操作运行模式分为五个阶段，进水、反应、沉淀、排放和待机。

第一，进水工序。在污水进入之前，反应器处在前一周期的待机状态，反应器内剩有高浓度的活性污泥混合液，从污水开始注入到注满这一阶段，反应器起到调节池的作用，因此对水质和水量的变化有一定的适应性。在这一阶段，如进行曝气，可起到预曝气的作用，使污泥再生恢复活性；如果要起到脱氮或释放磷的作用，则应进行缓速搅拌。亦可不进行曝气和其他操作，单纯注水。

第二，反应工序。这是 SBR 工艺的最主要工序，降解有机物、脱氮、除磷均在这一工序完成。根据处理目的，当污水注满后进行不同的操作。如要进行 BOD 去除、硝化、磷的吸收，就要曝气；要释放磷或反硝化反应，则应进行缓慢搅拌。根据需要达到的处理程度决定反应时间。

第三，沉淀工序。其相当于二沉池的作用，停止曝气和搅拌，使混合液处于静止状态，完成泥水分离。由于是在静止状态下沉淀，沉淀效果良好。

第四，排放工序。经过沉淀后产生上清液，作为处理水排放，一直排放到最低水位。底部剩余的活性污泥作为回流污泥供下一个周期使用。

第五，待机工序。在处理水排放到最低水位后，反应器处于停滞状态，等待下一个操作周期的开始。该工序也称闲置工序，待机时间根据实际情况确定。

技术优点：工艺流程简单，运转灵活，耐冲击负荷能力强，基建费用低等。

技术不足：自控要求高，池容利用率低；抗水量冲击负荷能力低，操作人员技术水平要求高。

适用范围：适用于污水量小、间歇排放、用地紧张等地区。

SBR 工艺示意图如图 3-8 所示。

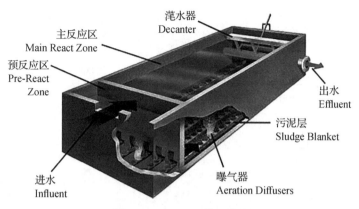

主反应区
Main React Zone

预反应区
Pre-React
Zone

滗水器
Decanter

出水
Effluent

污泥层
Sludge Blanket

进水
Influent

曝气器
Aeration Diffusers

图 3-8 SBR 工艺示意图

3.2.1.9 组合工艺

第一，化粪池 + 人工湿地。

工艺原理：人工湿地系统模仿自然湿地的处理过程，黑灰水一并进入化粪池，经处理后进入湿地处理单元，通过湿地基质、微生物和植物协同作用，去除污水中的病原体，吸附、降解和吸收污水中的污染物质，实现污水净化排放。其工艺示意图如图 3-9 所示。

模式特点：优点是投资少，维护方便，配合种植功能性植物，还可达到美化环境的效果。缺点是占地面积大，植物易受病虫害影响，运行效果地域差异性较大。

适用地区：适用于人口密度较低、改水冲厕所、污染排放较少的农村地区。

第二，净化槽 + 庭院利用。

工艺原理：以净化槽同时处理黑灰水，厨房污水先经隔油池剔除油分后再排入净化槽。净化槽末端建设人工湿地、小花园或小菜园接纳出水，进行庭院利用，如图 3-10 所示。

模式特点：优点是处理效率高、周期短，出水水质较好。缺点是耗能，运行时有一定的噪声。

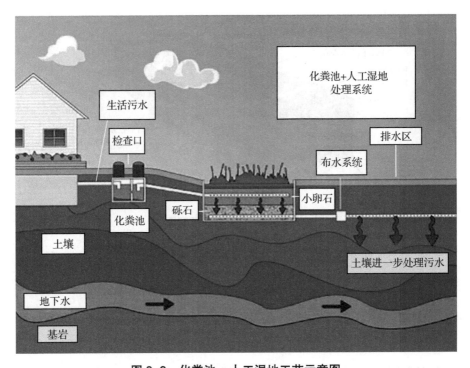

图3-9　化粪池＋人工湿地工艺示意图

注：本图中的化粪池尺寸并非实际比例，具体参照实际施工要求。

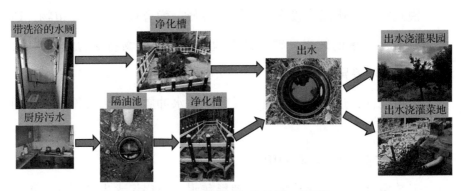

图3-10　净化槽＋庭院利用工艺照片

适用地区：适用于具备庭院利用条件、人口密度较低、经济条件相对较好的农村地区。

第三，多级 A/O–SBBR 工艺。

工艺原理：该工艺将 A/O 工艺和 SBR 工艺相结合，并且在微生物的群落结构上进行优化，使游离的活性污泥和生物膜共同存在，增强生化处理效果，集生物降解、污水沉降、氧化消毒等工艺于一体。污水经处理后，夏天排放至就近明渠或直接用于菜园灌溉，冬天污水直接就近排放。其工艺流程如图 3-11 所示。

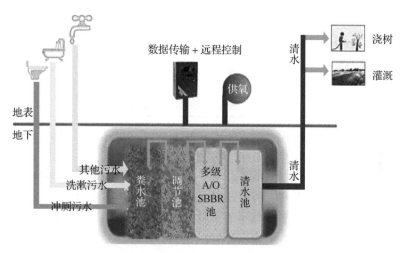

图 3-11　多级 A/O-SBBR 工艺流程

模式特点：治理设备整体化安装，建设在地下，地面仅安装一个控制柜，建设快、占地面积小、不受地形、管网条件限制，无需征地。

适用地区：适用于庭院面积较小、污水产生量小、不便于施工的农村地区。

3.2.2　技术／工艺比选

为了实现污水处理设施运行稳定和节约能耗、节省工程投资，工艺选择总体原则如下。

第一，根据原水水质、水量及受纳水体的环境容量，综合考虑当地的实际情况，优先采用低能耗、低运行费用、基建占地少、操作管理方便、成熟的污水处理工艺。

第二，结合供水条件、村庄特点、村庄周边环境，合理选择适宜的处理工艺。

第三，平面布置力求紧凑，减少占地面积和投资。

第四，污水处理过程的自动控制，力求安全可靠、经济实用，提高管理水平，降低劳动强度。

各处理技术 / 工艺的特点见表 3-1。

表 3-1　各处理技术 / 工艺特点

技术工艺	适用范围	优点	缺点
化粪池	适用于人口密度较低、污染排放较少的农村地区，主要用于处理黑水，一般与改室内水冲厕配合使用	投资少，维护方便，固态物质腐熟后可作为农家肥利用	上清液的污染物浓度依然很高，需要后续处理。需定期清掏固态腐熟物质。未解决灰水治理问题
土地渗滤	适合非全日供水，改水冲厕的农户数量较少，房前屋后有闲置土地的农村地区使用，主要用于处理灰水	便于建设和维护，应用广泛	占地面积相对较大，受地下水位影响
人工湿地	适用于闲置土地面积较大的农村地区，可作为生化处理后续的深度处理环节	投资少，维护方便，配合种植功能性植物，还可达到美化环境的效果	占地面积大，受季节、温度影响大，单独生态技术污水净化能力有限
A/O	常规污水处理工艺，适用于农村、乡镇等对处理水排放要求不高的地区	应用普遍，技术成熟，流程简单，投资省，操作费用低	同时脱氮除磷能力有限

技术工艺	适用范围	优点	缺点
A^2/O	常规污水处理工艺，适用于要求脱氮除磷的大中型污水处理厂	污染物去除效率高，同时脱氮除磷效果好，运行稳定，有较好的耐冲击负荷	基建费和运行费均高于普通活性污泥法，运行管理要求高
生物接触氧化	适用于场地面积小、水量小、水质波动较大和污染物浓度较低的地区	污泥浓度高、氧利用率高、污泥产量少、运行费用低、设备易操作、易维修等	负荷过高时生物膜过厚堵塞填料；生物膜只能自行脱落，剩余污泥不易排走，且污泥脱落时水质受影响
SBR	常规污水处理工艺，适用于中小城镇生活污水处理、小规模有机废水处理，以及对已建污水处理厂的改造等	结构简单，占地少，能耗低，投资省	对自动化控制要求高，且对排水设备（滗水器）的要求很高
MBR	适用于现有城市污水处理厂的更新升级，特别是出水水质难以达标或占地面积无法扩大的水厂；适用于高浓度工业废水处理；适用于有回用水需求的地区	出水水质优质稳定，剩余污泥产量少，占地面积小，操作管理方便，易于实现自动控制	膜造价高；膜污染容易出现，给操作管理带来不便；能耗高

4 农村生活污水处理应用案例

4.1 庭院式灰水处理应用案例

我们通过对康红台村的排水方式进行调研，发现目前的排水方式主要有三种：①就地散排，既没有排到渗井，也没有通过下水管道排到沟渠，占 50.8%；②排到渗井，占 41.1%；③通过屋内的下水管道排到沟渠，这种类型的房子比较集中，占 8.1%。此外，几乎所有的农户家都有可利用地。

从上述情况来看，康红台村污水收集难度较大，不宜建设污水管网，适合采用单户庭院式污水处理方式。

4.1.1 设计进出水水质

我们设计的污水进出水水质标准见表 4-1。

表 4-1 污水进出水水质

单位：mg/L

指标	COD_{Cr}	BOD_5	总磷	悬浮物
设计进水水质	300	130	5.0	190
设计出水水质二级标准	100	30	3	30

4.1.2　工艺流程

农户因洗菜做饭、洗衣及洗漱等产生的污水，由室内的排污管排到集水井内，均质、均量后靠重力流入潜流人工湿地进行处理。人工湿地的出水流入渗滤池，处理达标后外排。具体工艺流程如图4-1所示。

图4-1　工艺流程框图

4.1.3　设计单元

4.1.3.1　进水池

单元功能：接收并储存农户灰水，向人工湿地提供污水。

设计参数：设计流量为200L/d。

4.1.3.2　人工湿地

单元功能：人工湿地是新型的污水生态处理技术，本次设计采用潜流构筑湿地技术。潜流构筑湿地系统是利用工程措施建立起来的、具有自然湿地性质和强化污水处理功能的仿自然处理系统，由水生植物、微生物、低等底栖动物以及处于水饱和状态的填料层所组成。潜流构筑湿地系统净化污水的机理如下：①长有植物根系、生物膜的填料层对污水产生过滤、沉淀、吸附等物理作用；②污染物与填料间发生多种化学反应；③植物生长对污水中的污染物进行吸收和同化；④通过水生植物的导气组织向水体与填料层输送氧气，使填料周围的多种微生物在厌氧、兼氧、好氧等复杂状态下消化降解污染物。

设计参数：潜流构筑湿地设计负荷选用 5g $BOD_5/m^2 \cdot d$；水力负荷采用 0.1$m^3/m^2 \cdot d$；进水平均 COD_{Cr} =200mg/L，BOD_5=100mg/L；出水 $COD_{Cr} \leqslant$ 110mg/L，$BOD_5 \leqslant$ 40mg/L；需湿地面积 2.4m^2，湿地每日降解 12gBOD_5。

湿地设计：湿地面积为 2.4m^2，矩形单池。四周为 240 砖墙护围，总深度 1.15m，湿地床 1.05m。湿地结构自下而上各层填料的分布为：d30~d50 卵石 300mm，d10~d30 卵石 200mm，d5~d8 卵石 200mm，粗砂层 100mm，种植土层 250mm，含上层草炭土 150mm。湿地内分别种植百合和菖蒲，种植密度分别为 20 株 /m^2 和 30 株 /m^2。考虑农村地区生活污水排放不连续和冬季易冻等原因，湿地进出水采用孔洞式，尽量保证进出水畅通，同时便于维护和检修。

4.1.3.3 中间池

储存湿地出水，便于取样，向渗滤池输水。

4.1.3.4 渗滤池

单元功能：对湿地出水做进一步处理。

设计参数：设计负荷选用 4g $BOD_5/m^2 \cdot d$；水力负荷采用 0.2$m^3/m^2 \cdot d$；进水平均 $COD_{Cr} \leqslant$ 110mg/L，$BOD_5 \leqslant$ 40mg/L；出水 $COD_{Cr} \leqslant$ 60mg/L，$BOD_5 \leqslant$ 20mg/L。

渗滤池设计：渗滤池面积为 0.96m^2，矩形单池。四周为 240 砖墙护围，总深度 0.6m，池内填充粗砂。

4.1.3.5 出水池

储存处理后的水，便于取样，出水可排入院内原有渗水井。

4.1.4 运行效果

该污水处理设施运行期间的监测数据见表 4-2。

表 4-2　水质监测数据

单位：mg/L，%

监测位置	进水池	中间池	出水池	总去除率
COD	265~428	89.7~225.2	15.3~120.4	55.6~96.3
NH$_3$-N	3.9~25.25	9.58~13.48	0.4~13.5	46.7~89.7
TP	0.34~2.75	1.08~1.81	0.1~0.56	70.5~79.6
TSS	50~230	28~96	5~37	83.9~90

由表 4-2 可以看出，污水处理设施来水的水质变化幅度较大，COD 大体范围为 200~500mg/L，NH$_3$-N＜30mg/L，TP＜4mg/L，TSS＜250mg/L。通过湿地及渗滤池的组合配置，整体污水处理设施的处理效果还是比较明显的，其中，COD 的处理率分别为 55.6%~96.3%；NH$_3$-N 的处理率为 46.7%~89.7%；TP 的处理率为 70.5%~79.6%；TSS 的处理率为 83.9%~90%。

4.2　集中式生活污水处理应用案例

4.2.1　村庄概况

项目地点位于沈阳市于洪区后辛台村，集中收集前、后辛台村的生活污水。两村现有居民共 540 户，村人口总数 1869 人，常住人口约 1100 人，耕地面积 6100 亩，经济以种植业为主。村庄供水为自来水全天供水，全村有水冲厕的 422 户，其余 118 户为卫生旱厕。两村曾分别荣获"全国文明村""辽宁省生态村""沈阳市休闲农业特色村""沈阳市美丽精品示范村""沈阳市美丽休闲乡村"等称号。

4.2.2 工艺流程

核心工艺采用 MBR 工艺。生活污水经管网收集后首先进入化粪池，沉积物在池底腐熟，第三格出水自流通过格栅，大块物质（如纸屑、毛发等）被过滤拦截，栅后污水进入调节池。调节池能够发挥均衡水质、缓冲高峰期水量对系统的冲击的作用。调节池内的污水通过提升泵提升进入核心设备，即一体化 MBR 设备进行高效生物处理，设备内通过曝气控制氧含量，实现厌氧 +A/O 的工艺条件，兼性厌氧菌在相应的环境中高效降解水中污染物，大幅度去除 COD、BOD、氨氮、总氮、总磷等，最终通过 MBR 膜过滤，实现活性菌群与净化水的分离（如图 4-2 所示）。处理达标的出水经过站内景观池后外排。

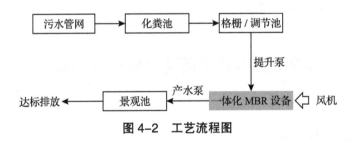

图 4-2 工艺流程图

4.2.3 建设情况

项目于 2021 年 7 月建成，2021 年 8 月投入使用。设计污水处理量为 400m³/d。主要工艺为调节池 +MBR 一体化设备，MBR 一体化设备进行生化处理的同时，可对出水进行深度处理，进一步去除水中污染物。占地面积小，便于管理，可有效降低建设及运行成本。

项目污水处理设施运行良好（水质监测数据见表 4-3），设施出水水质基本满足《城镇污水处理厂污染物排放标准》（GB 18918-2002）

一级 A 标准的排放要求。集中式生活污水处理项目建设现场如图 4-3 所示。

表 4-3 设施进水、出水水质

单位：mg/L（pH 无量纲）

监测项目	pH	COD_Cr	氨氮	总氮	总磷	SS
设施进水	7.1	111	25.1	41.5	2.33	11
设施出水	6.9	12	0.1	1.59	0.09	6
一级 A	6~9	50	5（8）	15	0.05	10

图 4-3 集中式生活污水处理项目现场

4.2.4 运维及监督管理

专业人员应定期对 MBR 一体化设备开展检查和维护。

定期监测设备进水和出水的水质，出现水质不稳定现象时，应检查反应池内溶解氧、微生物活性及进水营养物质配比，尽快恢复设备正常处理能力。

定期检查设备的操作压力及产水情况，出现操作压力升高、产水量下降情况时，应及时开展膜清洗工作，避免造成膜组件不可逆损伤。

4.2.5　适用范围及注意事项

4.2.5.1　适用范围及推广应用情况

MBR 一体化设备一般适用于在距离城镇相对较近、经济条件相对较好、人口居住集中、全天供水、室内水冲厕改造户数多且能够长期稳定使用的村庄建设。

4.2.5.2　注意事项

第一，生活污水集中处理模式对污水收集管网建设要求较高，需保证设施服务范围内的生活污水应收尽收，且排水通畅，冬季不结冻。

第二，严禁将工业污水、养殖粪污等排入污水收集管网，同时需避免雨水汇入，尤其地势低洼位置。

第三，MBR 一体化设备对后期运行维护要求较高，需配备专业技术人员开展或指导日常运维工作。

4.3　水冲厕排水拉运＋集中处理模式应用案例

4.3.1　项目概况

根据沈阳市《"百村示范，千村整洁"行动实施方案》，沈阳经济技术开发区选择四方台镇土耳坨村、西余村，新民屯镇张三家子村，高花街道夏家村，长滩镇大兀拉村作为"美丽示范村"小型污水处理设施示范村。土耳坨村污水站辐射土耳坨村等 9 个村（社区），服务户数共计 4443 户；三家子村污水站辐射火石岗村等 8 个村，服务户数共计 3133 户；夏家村污水站辐射夏家村等 8 个村，服务户数共计 1925 户；西余村污水站辐射西余村等3个村，服务户数共计1051户；大兀拉村污水站辐射大兀拉村等8个村，服务户数共计3279户。农村旱厕改造后均采用室内或室外三格化粪池处理粪尿，化粪池第三格内的污水由吸污车定期抽出，运输至污水站进行处理。项目坚持政府引导、社会参与、市场运作、有偿服务的原则，建立成熟的水冲厕改造市场化运作、专业化抽取、科学化长效管护机制，从根本上解决了改厕后的管理、维修及污水处理问题，促进人居环境改善，体现了绿色、生态、可持续发展的特色。水冲厕排水拉运＋集中处理模式项目建设现场如图4-4所示。

图4-4　水冲厕排水拉运＋集中处理模式项目建设现场

4.3.2　工艺流程

基于村庄分布特点（总体分散但局部相对集中）、居民年龄结构（60岁以上居多）、人均用水量（不高）、改厕情况（改厕率高）、区县经济条件（相对较好），以及因地形、路面硬化等因素不具备建设管网等，决定对农村生活污水治理采用水冲厕排水拉运＋集中处理模式。

首先，农村旱厕改造后均采用室内或室外三格化粪池处理粪尿，化粪池第三格的污水由吸污车定期抽出，运输至污水站进行处理。

集中处理设施工艺流程如图4-5所示。

工艺说明：由于生活污水中溶解性COD与BOD均较高，BOD/COD

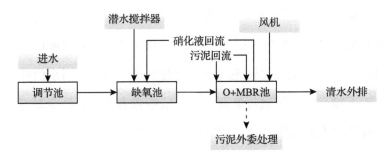

图 4-5 集中处理设施工艺流程图

>0.3, 因此宜采用生化处理工艺作为核心的二级工艺, 前端配置适当的一级处理工艺。由于处理出水直排, 对出水水质要求高, 因此还需辅以必要的深度处理。污水处理工艺除具有去除有机物的功能外, 还应具有脱氮除磷的功能。根据相关的污水处理技术规范及实际工程应用效果, 采用生物脱氮, 化学除磷工艺。先让污水自流至调节池前端的集水井, 集水井用于收集原水及厂区水, 再将调节池内的污水提升至缺氧池, 缺氧池的出水自流至后续的好氧及 MBR 系统, 出水通过 MBR 自吸泵外排, 最后通过控制污泥回流阀门, 设置三通式排泥阀, 连通至污泥池, 将污泥定期外委处理。

4.3.3 运维及监督管理

4.3.3.1 日常维护及监督管理

打造维修、清运、处理三大体系, 建立长效管护机制。维修工接到通知后及时前往农户家中维修, 维修过程中只收取材料费, 不收取其他费用。区里统筹污水及时清运、无害化处理等工作。清运公司每年为每户农户免费清运 4~8 次, 超过规定的需要农户自行付费。每次清运由农户自行联系, 吸污车将抽走的污水统一运送至污水处理厂处理。农村室内厕所的运行维护工作流程如图 4-6 所示。

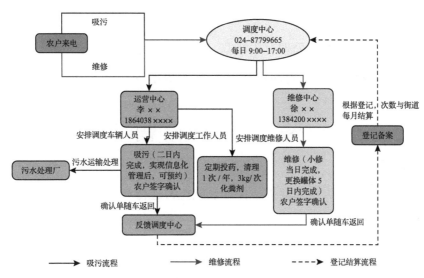

图 4-6　农村室内水冲厕所的运行维护工作流程

4.3.3.2　处理效果

项目污水处理设施运行良好（水质监测数据见表 4-3），设施出水水质满足《农村生活污水处理设施水污染物排放标准》（DB21/3176-2019）二级标准的排放要求。

表 4-4　夏家村污水站进水、出水水质

单位：mg/L（pH 无量纲）

监测项目	pH	COD$_{Cr}$	氨氮	总氮	总磷	SS
设施进水	7.4	235	97.6	117	3.07	130
设施出水	7.4	51	8.22	20.2	1.04	6
二级标准	6~9	100	25（30）		3	30

4.3.4　适用范围及注意事项

4.3.4.1　适用范围

适用于域内村庄分布总体分散但局部相对集中、经济条件较好、不具备建设管网条件的村庄。

4.3.4.2　注意事项

第一，及时有效处理有关堵塞、设备故障等紧急状况。

第二，每月定时清理格栅垃圾，避免出现泥沙淤积造成堵塞的情况。

第三，定期检查检查井等相关构筑物，保持管道过流通畅，管网标识清晰。

第四，需专人定期巡护，保证设施正常运行。

5 农村生活污水污泥蚯蚓生物消解工艺可行性研究

农村污水污泥具有产量少、来源分散、性质相对稳定等特点。考虑到农村的经济、技术条件以及污泥的特点，有必要探寻适合农村污水污泥处理的新途径。利用蚯蚓处理污泥始于20世纪70年代末，Hartenstein等将赤子爱胜蚓应用于污泥处理并将该方法称为"蚯蚓生物分解处理技术"。Hartenstein的研究表明，引入蚯蚓后，污泥的分解速度成倍增加，能够在2周之内达到腐蚀。同时，蚯蚓的接种大大提高了污泥颗粒的比表面积，为微生物的生长繁殖提供了更大的空间，从而使蚓粪污泥中的生物量以及腐殖化程度远远高于原污泥。

蚯蚓是陆地生态系统中生物量最大的无脊椎土壤动物，与土壤、植被和生态环境都有着密不可分的关系，被形象地称为"生态系统的工程师"。蚯蚓本身是一种高蛋白饲料，体内富含多种酶和微生物，分解有机物的同时又能够对pH和重金属产生作用。利用蚯蚓的生态活动来处理污泥，对大多数有机物有较强的分解和转化作用。蚯蚓能够促进植物残枝落叶的降解、有机物质的分解和矿化这一复杂的过程，经过蚯蚓处理后的残渣可以作为优质的农用有机肥，并具有混合土壤、改良土壤结构、提高土壤透气排水和深层持水能力的作用。蚯蚓粪均质单一，富含多种酶、有益微生物和氨基酸，含有植物生长所必需的N、P、K和多种矿物质元素，既能有效促进作物生长、改善产品品质，又能改良贫瘠、板结等低质量农田土壤，还可以在一定程度上抑制土传病害的发生。与其他肥料相比，蚯蚓粪无异味、物理性状好、保水透气能力强，并且微生物活性高，是花卉、园林、蔬菜等的高档有机肥。可见，蚯蚓的独特的生活方式和强大的消化能力为剩余污泥的生态处理提供了可行性。

5.1　研究内容

利用蚯蚓的生态学功能处理剩余污泥是一种安全、环保、生态和经济的有效技术手段。本章研究内容包括以下三个方面。

第一，通过沈阳市农村污水污泥的蚯蚓生物消解工艺适用性分析，初步判断蚯蚓直接处理污泥的可行性。

第二，在蚯蚓处理污泥的过程中，通过蚯蚓生物量以及污泥量的变化，考察蚯蚓处理污泥的减量化效果。

第三，在蚯蚓处理污泥的过程中，通过对污泥的 pH、电导率、有机质、营养物质、重金属以及生物毒性等变化的分析，探明蚯蚓生物消解工艺对污泥理化性质的影响，以判断处理污泥后的蚓粪资源化利用的可行性。

5.2　材料和方法

5.2.1　供试污泥

供试污泥是取自于洪区平罗街道污水处理站的新鲜剩余污泥，将这个污水处理站作为沈阳市农村生活污水处理设施的典型代表，水站污水污泥的基本理化性质见表 5-1。

表 5-1 污水污泥的基本性质

序号	指标	平罗污泥	GB24188-2009 限值
1	含水率（%）	98.5 ± 0.2	<80
2	pH	7.8 ± 0.2	5~10
3	EC（ms/cm）	0.44 ± 0.02	
4	有机质（%）	20.2 ± 1.1	
5	Cd（mg/kg）	0.87	<20
6	Hg（mg/kg）	7.05	<25
7	Pb（mg/kg）	47.5	<1000
8	Zn（mg/kg）	546	<4000
9	Cu（mg/kg）	96.5	<1500
10	Cr（mg/kg）	65.7	<1000
11	Ni（mg/kg）	34.0	<200
12	As（mg/kg）	14.2	<75
13	苯并（a）芘（mg/kg）	0.042	
14	矿物油（mg/kg）	1.01×10^4	
15	生物毒性抑制率（%）	99 ± 1.0	

注：相关指标参考《城镇污水处理厂污泥泥质》（GB24188-2009）。

5.2.2 供试蚯蚓

在了解蚯蚓品种及其生理特性的基础上，结合国内外相关研究者的研究成果，供试蚯蚓选择耐寒、耐水、易繁殖、耐污能力强的赤子爱胜蚓（eisenia foetida），属表居型蚯蚓，均采自本地。选用无环带、健康、活性好，体长约 3~9cm，个体重在 0.1~0.4g 的蚯蚓作为实验用蚯蚓，如图 5-1 所示。

图 5-1　赤子爱胜蚓

5.2.3　检测指标及测试方法

取 30g 试样经 10 倍蒸馏水溶解，在快速搅拌器搅拌 0.5h 后，静置 24h，取上层清液直接测定 pH 值和电导率。

生物毒性的测定采用生物发光法。

TN 的测定采用碱性过硫酸钾消解 – 紫外分光光度法。

TP 的测定采用氢氧化钠熔融后钼锑抗分光光度法。

TK 的测定采用常压消解后电感耦合等离子体发射光谱法。

有机质的测定采用重铬酸钾容量法。

Zn 的测定采用常压消解后电感耦合等离子体发射光谱法。

Cu 的测定采用常压消解后电感耦合等离子体发射光谱法。

Pb 的测定采用常压消解后电感耦合等离子体发射光谱法。

Ni 的测定采用常压消解后电感耦合等离子体发射光谱法。

Cr 的测定采用常压消解后电感耦合等离子体发射光谱法。

Cd 的测定采用常压消解后电感耦合等离子体发射光谱法。

Hg 的测定采用常压消解后原子荧光光谱法。

As 的测定采用常压消解后电感耦合等离子体发射光谱法。

矿物油测定采用红外分光光度法。

苯并 a 芘测定采用热提取气相色谱质谱法。

污泥及蚓粪的微观结构的观察采用环境扫描电镜（FEI Quanta 250ESEM）。

在蚯蚓处理污泥的实验中，污泥含水率的控制采用 FD-T1 型高频波数字水分仪。而在对污泥干重减量化的实验中，污泥含水率的测定采用烘箱烘干法。

5.3　生活污水污泥的消解研究

5.3.1　蚯蚓生物消解的适应性研究

5.3.1.1　实验设计

取一个长、宽、高分别为 36cm、27cm、12cm 的塑料箱，首先装入 1.0kg 的蚯蚓基质土和 50g 的蚯蚓，平衡 2d 后，每 2d 添加 0.8kg 的污泥（含水率为 70%~80%），一直添加到实验装置中有 6.4kg 污泥，跟踪考察蚯蚓对污泥的适应性。

5.3.1.2　实验结果与分析

在于洪区平罗街道污水处理现场采集的污泥含水率达到 96% 以上，在进行蚯蚓处理污泥的实验之前，采用自然晾干方法把污泥的含水率降低到 70%~80%。

在实验装置中添加的基质土含水率为 51.2%，因此基质土的干重为 0.488kg；第一次添加的污泥含水率为 77.2%，即污泥的干重为 0.182kg。因此，第一次添加污泥后实验装置中干质污泥的占比为 27.2%，含水率为 62.8%。直到最后一次添加污泥时（如图 5-2 所示），实验装置中干质污泥的占比为 77.5%，含水率为 64.1%，含水率未显著增加的原因与实验期间水分的蒸发有关。

图 5-2　污泥添加到装有基质土的实验装置中

在污泥干质的占比从 27.2% 提升到 77.5%、含水率在 62.8%~70% 之间波动的过程中，蚯蚓未表现出异常情况，且蚯蚓普遍增肥，对污水污泥表现出良好的适应能力。

5.3.2　生活污水污泥的减量化研究

5.3.2.1　实验设计

取 1 个长、宽、高分别为 36cm、27cm、12cm 的塑料箱，塑料箱内装入 2.1kg 含水率为 61.1% 的污泥后，接种 100 条、19.9g 的蚯蚓，然后将塑料箱放置在实验室内，室温在 22℃~30℃，从接种蚯蚓到实验结束共计 30d，期间只对塑料箱做一些调节水分的处理。实验过程中每隔 10d 对污泥干重、蚯蚓数量与重量进行测试。图 5-3 为在减量化实验过程中挑出蚯蚓计数过程的图片。

5.3.2.2　减量化实验结果与分析

实验过程中污泥干重的减量化效果如图 5-4 所示。实验所测污泥质量为污泥干重，从图 5-4 中可以看出，污泥的减量化效果显著，尤

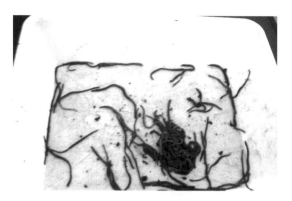

图5-3　挑出蚯蚓计数过程的图片

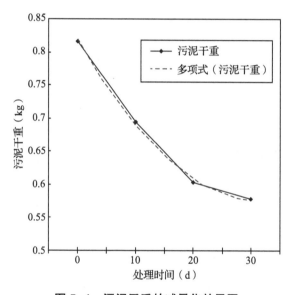

图5-4　污泥干重的减量化效果图

其是在前20d的变化更加显著，减量率达到了26.1%；到30d实验结束时，减量率达到了29.2%。根据前人的研究分析，污泥减量现象可能与蚯蚓的摄食习性和发达的砂囊有关，蚯蚓对污泥的减量作用是通过微生物和蚯蚓的协同作用实现的。蚯蚓先通过砂囊对污泥研磨，然后利用蚓体分泌的多种酶和肠道内的微生物将污泥消化，最终转化为自身的增殖及排泄物——蚯蚓粪。蚯蚓肠道对微生物的群体结构及生物活性具有调节作用，提高生长快的微生物种群的繁殖速度及其呼吸代谢活性，在一定程度上也强化了微生物降解有机物的作用，提高了污泥的减量率。

实验过程中蚯蚓的重量变化如图 5-5 所示。

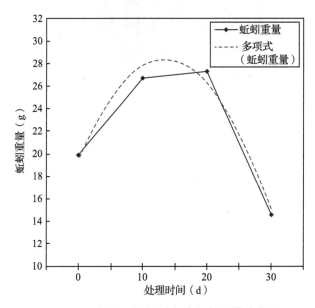

图 5-5　蚯蚓处理污泥过程中蚯蚓重量变化图

从图 5-5 中可以看出，蚯蚓的重量在 10~20d 时达到最大值，此时蚯蚓个体肥大，此后蚯蚓的重量开始降低。此外，在 30d 的减量化实验中，蚯蚓的数量在前 20d 时没有变化，仍为 100 条，而在 30d 时，只剩下 88 条。蚯蚓的平均体重从处理前的 0.199g/ 条，20d 时达到 0.274g/ 条，30d 时降到 0.165g/ 条。数量先增后降的原因可能是蚯蚓处理污泥前期，污泥中蚯蚓的"食物"——有机物较多，蚯蚓的重量开始增加，随着"食物"量的减少，蚯蚓的重量开始降低，到最后蚯蚓变得瘦小，逐渐出现逃跑和饿死的现象。

5.3.3 生活污水污泥的稳定化研究

5.3.3.1 实验设计

取 3 个长、宽、高分别为 54cm、37cm、20cm 的塑料箱，每个塑料箱装入 10.0kg 的污泥后，分别接种 0.15kg、0.2kg、0.25kg 的蚯蚓，上覆盖一些树叶遮光用，然后将塑料箱放置在实验室内，室温在 22℃~30℃，从接种蚯蚓到实验结束共计 40d，其间只对塑料箱做一些调节水分的处理。实验设计见表 5-2。

表 5-2　蚯蚓处理实验设计

处理	蚯蚓密度 （g 蚯蚓 /kg 干污泥）	污泥层厚度 （cm）	污泥的含水率 （%）
A	23.1	15	60~70
B	30.8	15	60~70
C	38.5	15	60~70

实验过程中每 10d 对污泥进行 pH 值、电导率、有机质、生物毒性等测试，实验开始前与实验结束后对重金属进行测试。此外，采用环境扫描电镜观察污泥及蚓粪的微观结构的变化。

图 5-6 为于洪区平罗街道污泥与蚯蚓添加到实验装置的图片。

图 5-6　污泥与蚯蚓添加到实验装置

5.3.3.2　对污泥 pH 的影响

污泥的 pH 是污泥消解是否正常的重要标志，图 5-7 为不同蚯蚓密度的处理实验的 pH 变化图。

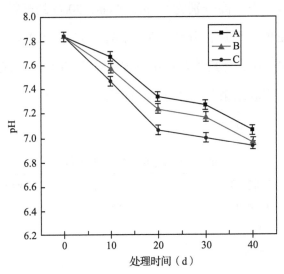

图 5-7　蚯蚓处理污泥的 pH 变化图

如图 5-7 所示，在不同的处理时间内，接种蚯蚓均能使污泥的 pH 显著降低。A、B、C 三种不同蚯蚓密度的实验相比较，蚯蚓密度大的 C 污泥的 pH 在相同的处理时间内降低得更为明显。相对而言，pH 在第 10~20d 时，其变化率更为显著；而在实验结束时，A、B、C 的 pH 差别不显著，均在 7.0 左右。

蚯蚓处理过程中，污泥的 pH 降低，这与多数学者的研究结果是一致的，pH 降低可能是由于蚯蚓的活动导致污泥中的 N 和 P 在矿化成 NH_3-N 和有效磷的过程中，生物转化形成中间产物有机酸所致。另外，最终产物——蚯蚓粪中较低的 pH 则可能与微生物的进一步活动产生的 CO_2 和有机酸有关。蚯蚓调节 pH 的能力与蚯蚓食道分布的钙腺有密切关系，钙腺能分泌过剩的钙或碳酸盐，中和有机酸，调节蚯蚓体内的酸碱平衡，钙腺可以自动调节外部环境和食物条件。根据对国内不同类型土壤经蚯蚓活动形成的团聚体的 pH 值的测定，北方碱性或微碱性土壤的 pH 值一般略有下降的趋势，而微酸性土壤的 pH 值大部分略有提高，可见蚯蚓的确有调节 pH 值的作用。

5.3.3.3 对污泥电导率的影响

电导率是反映污泥中无机离子含量和矿化度的重要指标。图 5-8 为不同蚯蚓密度的处理实验的电导率变化图。

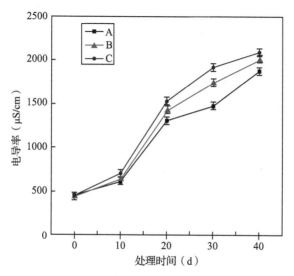

图 5-8 蚯蚓处理污泥的电导率变化图

如图 5-8 所示，在不同的处理时间内，蚯蚓均能使污泥的电导率显著提高。在实验初期污泥的电导率相同的情况下，经过 40d 的蚯蚓处理后到实验结束时，A、B、C 污泥的电导率从 $442 \pm 8 \mu S/cm$ 分别增加到 $1872 \pm 10 \mu S/cm$、$2007 \pm 18 \mu S/cm$、$2057 \pm 32 \mu S/cm$，说明蚯蚓密度越大，在相同的处理时间内污泥的电导率变化更显著。

污泥的电导率显著增加是由于蚯蚓及其体内微生物的活动致使有机物分解，提高了污泥的矿化度，释放出的矿物盐（P、K 等）和无机离子等所致。

5.3.3.4　对污泥有机质的影响

有机质是微生物赖以生存和繁殖的基本条件，是各种营养元素，特别是 N、P、K 的重要来源，也是微生物必不可少的碳源和能源，因此有机质的变化能在一定程度上反映污泥处理的程度。图 5-9 为不同蚯蚓密度的处理实验的有机质含量变化图。

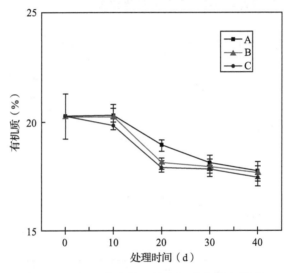

图 5-9　蚯蚓处理污泥的有机质含量变化图

从图 5-9 可以看出，蚯蚓对污泥有机质的分解有一定的作用，在前 20d 时，蚯蚓密度越大，有机质含量下降得越快。而在实验结束时，A、B、C 污泥的有机质含量分别下降了 2.5%、2.5%、2.8%，没有表现出显著的差异，这可能与实验后期污泥中的可降解有机质几乎已全部降解有关。有研究表明，蚯蚓处理废弃物的过程中，产生的 CO_2 主要来自蚯蚓的新陈代谢，当微生物生物量增加时，其新陈代谢的呼吸作用就强。在污泥处理过程中，一部分有机碳是作为 CO_2 损失掉的，另一部分则作为蚯蚓和微生物所需要的碳源。因此，蚯蚓的引入增加了微生物量，从而加快了污泥有机质的分解利用。

5.3.3.5 对污泥生物毒性的影响

我们采用生物发光法对污泥进行生物毒性的测试。该方法基于毒性物质对发光细菌发光度的抑制作用而设计，通过测定发光细菌发光度的变化，评价被测环境样品中由重金属和其他污染物所造成的急性生物毒性。通常采用抑制率来描述水体的毒性情况。

如图 5-10 所示，从污泥浸出水样的抑制率趋势来看，在蚯蚓处理污泥前，污泥中的生物毒性很强，几乎达到 100%。A、B、C 三组实验的结果说明，经过 20d 的蚯蚓处理，污泥的生物毒性显著降低，三组污泥的生物毒性远低于 90% 的重度毒性临界值；在 23.1~38.5g 蚯蚓 /kg 干污泥密度范围内，在 10d 时，蚯蚓密度越大，其降低生物毒性的效果越显著；而在 20~40d 时，污泥中的生物毒性趋近于稳定在 30% 左右，随着处理时间的延长，未表现出持续显著下降的趋势。

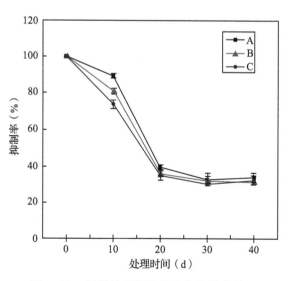

图 5-10　蚯蚓处理污泥的生物毒性变化图

5.3.3.6 对污泥重金属的影响

少量的重金属可为植物生长提供必需的矿物质营养，但过量的重金属将对植物生长产生限制性的影响。污泥中含有大量的重金属，这是污泥在农用中受到限制的主要因素之一。所以蚯蚓处理污泥的产物能否农用取决于蚓粪中重金属的含量。表 5-3 为蚯蚓处理污泥的过程中污泥重金属含量的变化表。表 5-4 为《城镇污水处理厂污泥处置农用泥质》（CJ/T309-2009）中一级与二级污泥适用作物表。

表 5-3　蚯蚓处理对污泥重金属浓度的影响

浓度单位：mg/kg

重金属	原始污泥	A 装置	B 装置	C 装置	CJ/T309-2009	
					一级污泥	二级污泥
Cu	96.5	78.5	73.8	72.6	<500	<1500
Zn	546	382	359	341	<1500	<3000
Cd	0.87	0.85	0.83	0.83	<3	<15
Pb	47.5	32.0	30.3	31.0	<300	<1000
Cr	65.7	54.3	43.6	58.5	<500	<1000
Hg	7.05	5.63	5.15	5.16	<3	<15
Ni	34.0	29.9	29.0	27.3	<100	<200
As	14.2	10.9	11.4	10.7	<30	<75

注：相关指标参考《城镇污水处理厂污泥处置 农用泥质》（CJ/T309-2009）。

表 5-4　一级与二级污泥适用作物表

	允许施用作物	禁止施用作物	备注
一级污泥	蔬菜、粮食作物、油料作物、果树、饲料作物、纤维作物	无	蔬菜收获前 30d 禁止施用；根茎类作物按照蔬菜限制标准
二级污泥	油料作物、果树、饲料作物、纤维作物	蔬菜、粮食作物	

图 5-11 至图 5-18 分别为接种蚯蚓对污泥中 Cu、Zn、Cd、Pb、Cr、Hg、Ni、As 含量的影响效果图。

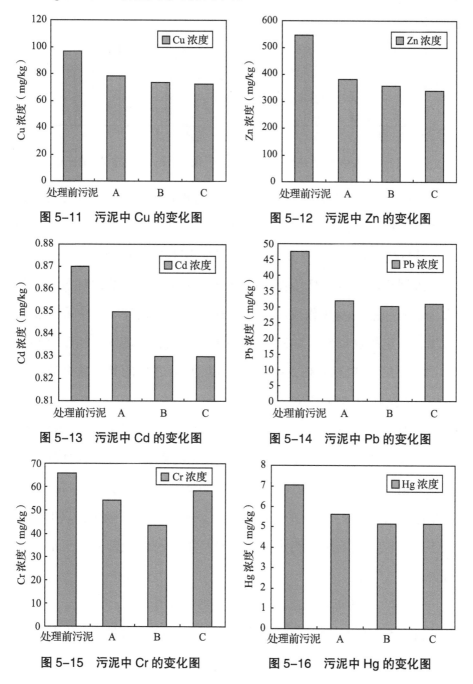

图 5-11 污泥中 Cu 的变化图   图 5-12 污泥中 Zn 的变化图

图 5-13 污泥中 Cd 的变化图   图 5-14 污泥中 Pb 的变化图

图 5-15 污泥中 Cr 的变化图   图 5-16 污泥中 Hg 的变化图

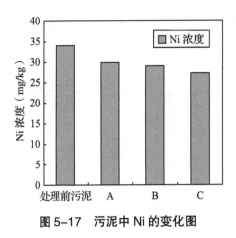

图 5-17 污泥中 Ni 的变化图

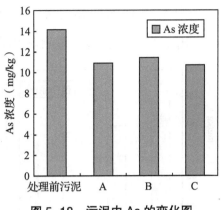

图 5-18 污泥中 As 的变化图

从图 5-11 至图 5-18 中可以看出,与蚯蚓未处理的污泥相比,接种了蚯蚓的污泥中的 Cu、Zn、Cd、Pb、Cr、Hg、Ni、As 含量均显著降低,且蚯蚓密度越大,重金属含量的降低程度相对更加显著。

蚯蚓活动显著降低污泥中的重金属含量,表明蚯蚓对污泥中的重金属有较强的富集作用。同时,我们发现蚯蚓对污泥中重金属的富集有一定的选择性,对 Zn、Pb 两种重金属含量的降低幅度分别为 30.0%~37.5%、32.6%~36.2%。此外,其对 Cd 之外的其他重金属的降低幅度均达到 10.0%~25.5%。

如表 5-1、表 5-3 所示,与《城镇污水处理厂污泥泥质》(GB24188-2009)和《城镇污水处理厂污泥处置农用泥质》(CJ/T309-2009)的污泥限值相比,平罗街道污水污泥的重金属含量相对较低。除了 Hg 含量超出 CJ/T309-2009 的一级标准值以外,其余重金属含量的值均低于标准值,这与平罗街道污水处理厂的处理水全部来自生活污水有关。

5.3.3.7 对污泥矿物油、苯并(a)芘的影响

表 5-5 为蚯蚓处理污泥中矿物油、苯并(a)芘含量的变化表。

表5-5 蚯蚓处理对污泥矿物油、苯并（a）芘含量的影响

浓度单位：mg/kg

控制项目	原污泥	A装置	B装置	C装置	CJ/T309-2009	
					一级污泥	二级污泥
矿物油	10100	2000	1540		<500	<1500
苯并（a）芘	0.042	0.00014	未检出	未检出	<2	<3

注：相关指标参考《城镇污水处理厂污泥处置 农用泥质》（CJ/T309-2009）。

我们通过查阅文献了解到，与蚯蚓处理对污泥中的pH、电导率、重金属的影响相比，关于其对矿物油、苯并（a）芘含量的影响鲜有学者关注。矿物油都是C、H化合物，多数是由烷烃、芳烃、环烷烃、部分烯烃组成的化合物。而苯并（a）芘是一种五环多环芳香烃类（PAHs），是PAHs中毒性最大的一种强烈致癌物。从表5-3可看出，蚯蚓对污泥中的矿物油、苯并（a）芘有显著的降解作用。蚯蚓能够降解矿物油、苯并（a）芘，可能是由于蚯蚓本身能在体内富集大量的有机污染物；另外，蚯蚓提高了矿物油、PAHs在污泥中的生物有效性，加速了污泥中的降解过程。

于洪区平罗污水处理厂的污水污泥经蚯蚓处理后，矿物油含量显著降低，有望达到《城镇污水处理厂污泥处置 农用泥质》（GB24188-2009）的二级污泥标准限值。因此，蚯蚓处理后的污泥若要作为二级乃至一级污泥直接农用，就要增加蚯蚓密度或延长蚯蚓对污泥的处理时间来达到标准限值。

5.3.3.8 对污泥微观结构的影响

环境扫描电镜（ESEM）是在扫描电镜（SEM）的基础上改进的新型电子显微镜，主要采用多级压差光阑技术，形成梯度真空，即镜筒保持高真空的同时，样品室保持低真空，且样品室的温度、气压和湿度是可调的。ESEM适用于观察含水率高、含油少及导电性较差的样品。

ESEM 的主要优点是可在气相或液相存在的环境中直接观察含水生物样

品，避免真空干燥、镀金引起的样品收缩或损坏，即通过原位观察获得样品原始形貌照片，更真实地表征样品的微观结构。

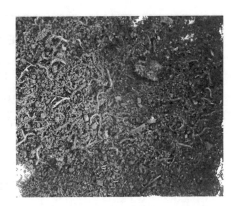

在蚯蚓吞食和微生物分解的联合作用下，污泥被转化为黑褐色的蚯蚓粪，无臭、不滋生蚊蝇且具有泥土的芬芳气息，其宏观结构如图5-19 所示。

图 5-19　污水污泥处理后蚯蚓粪宏观形状

本研究采用环境扫描电镜（FEI Quanta 250ESEM）观察蚯蚓处理前污泥与蚯蚓粪的微观结构，其主要工作参数为：样品台温度20℃，相对湿度70%~90%，环境真空133~2600Pa，低真空133Pa，加速电压15kV，放大倍率分别为 1000 倍、3000 倍和 5000 倍。蚯蚓处理前污泥与 A、B、C 三组蚯蚓粪的微观结构如图 5-20 至图 5-31 所示。

蚯蚓处理前污泥的粒径通过 3000 倍、5000 倍的观察，分别为

图 5-20　处理前污泥的 1000 倍放大图

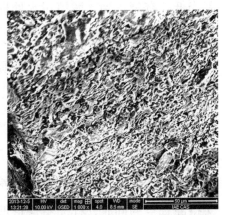

图 5-21　A 组蚯蚓粪的 1000 倍放大图

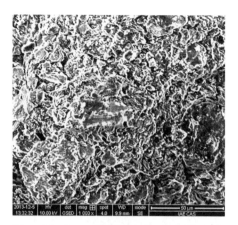

图 5-22　B 组蚯蚓粪的 1000 倍放大图

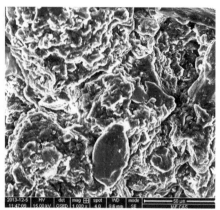

图 5-23　C 组蚯蚓粪的 1000 倍放大图

图 5-24　处理前污泥的 3000 倍放大图

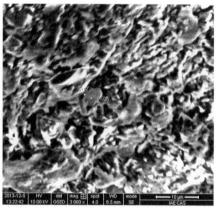

图 5-25　A 组蚯蚓粪的 3000 倍放大图

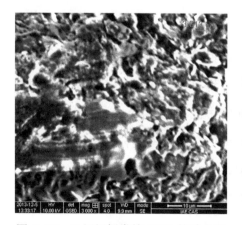

图 5-26　B 组蚯蚓粪的 3000 倍放大图

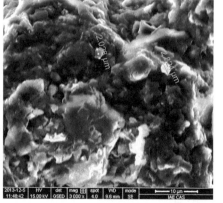

图 5-27　C 组蚯蚓粪的 3000 倍放大图

图 5-28　处理前污泥的 5000 倍放大图

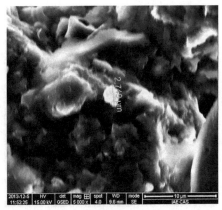

图 5-29　A 组蚯蚓粪的 5000 倍放大图

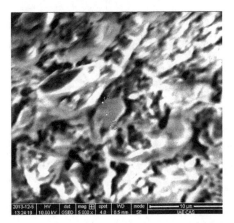

图 5-30　B 组蚯蚓粪的 5000 倍放大图

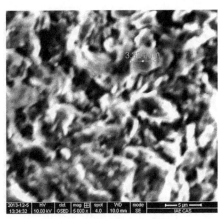

图 5-31　C 组蚯蚓粪的 5000 倍放大图

$11.32\mu m$、$9.6\mu m$；A 组蚯蚓粪通过 3000 倍、5000 倍的观察，分别为 $3.475\mu m$、$2.749\mu m$；B 组蚯蚓粪通过 3000 倍、5000 倍的观察，分别为 $3.013\mu m$、$3.446\mu m$；C 组蚯蚓粪通过 3000 倍、5000 倍的观察，分别为 $2.028\mu m$、$3.324\mu m$。与蚯蚓处理前的污泥相比，A、B、C 组蚯蚓粪的粒径更低、团粒结构更丰富、孔隙率更高、结构更松散，呈疏松的粒状或碎块状结构。由此可见，蚯蚓处理有助于破坏污泥原有的致密结构，可有效避免污泥直接施用带来的土壤板结问题，并增强土壤透气性，大幅度提高蚯蚓粪的土地利用价值。

5.4　结果与分析

第一，在摸索蚯蚓生存适宜条件的实验中，我们得知污泥的含水率较大（80%）时，蚯蚓不能在几乎被水浸没的环境中生存，所有蚯蚓会浮出污泥上层，全部逃走；而在含水率较低（45%）时，蚯蚓不会立即死亡，也能生存较长的时间，但蚯蚓的活动能力很差，个体也瘦小。因此，确定蚯蚓处理污泥的最佳湿度在60%~70%，污泥的含水率满足蚯蚓生存的湿度，即可直接添加蚯蚓进行污泥的处理。

第二，蚯蚓处理对污泥的减量化作用显著。在蚯蚓密度一定的条件下，污泥干质重量持续下降，最后稳定在30%~40%；而蚯蚓的重量随着处理时间的延长，遵循先增后降的规律。

第三，蚯蚓处理对污泥中的pH、导电性、有机质、生物毒性有显著的影响。随着处理时间的延长，污泥的pH由原来的弱碱性逐渐趋近于中性或弱酸性；导电性可从200~450μS/cm增加到2000~2200μS/cm；有机质含量小幅度（约2.5%）下降；生物毒性从初期的98%~100%下降到30%~60%，远低于90%的重度毒性临界值。说明蚯蚓处理污泥具有稳定的效果。

第四，蚯蚓对污泥中的重金属有不同程度的富集作用，对Zn的富集作用最为显著，对Cd的富集作用最弱；对污泥中的矿物油和苯并（a）芘有显著的降解作用；对污泥中的TN、TP有不同程度的改善，但会使TK的含量有所下降。

第五，与未处理的污泥相比，蚯蚓粪的粒径更低、团粒结构更丰富、孔隙率更高、结构更松散，呈疏松的粒状或碎块状结构。

第六，通过查阅文献和相关的实验，可得出蚯蚓处理沈阳市典型的农村污水污泥的工艺参数：①由于蚯蚓喜好在地下 10~20cm 处活动，污泥层厚度在 20cm 为最佳。污泥层超过 20cm 时，20cm 以下的污泥难以处理，污泥层低于 20cm 时，尽管不影响蚯蚓的处理效果，但相应会增加处理占地面积和劳动量。②蚯蚓密度为 20~70g 蚯蚓 /kg 干污泥。蚯蚓密度较小的情况下，处理时间会很长；密度较大的情况下，子代大量繁殖，亲代会搬离元住所。此外，有机会造成亲近交配，使种群退化，因此幼蚓大量孵出时，应及时采收成蚓。③温度、湿度分别在 20℃~28℃和 60%~70% 为最佳。

6 农村生活污水治理项目建设风险防控对策

6.1 农村生活污水治理项目建设过程

农村污水处理项目建设包括投资决策、设计及施工准备、施工建设、竣工验收与资产移交管理等。区（县）级政府及其职能部门组织实施活动贯穿于农村污水治理的全过程，决定着农村污水治理各个环节的有序进行和高效开展。

6.1.1 项目建设管理过程

6.1.1.1 项目投资决策阶段

项目投资决策阶段涉及项目建议书、可行性研究报告论证及报批、规划选址、用地（征地、青苗补偿、拆迁安置等）、供水、供电、排水市政管网、环境影响评价（以下简称环评）等环节。相关单位及部门包括建设单位、咨询单位，以及规划、发改、城建、国土、环保等部门。

6.1.1.2 项目设计及准备阶段

项目设计及准备阶段涉及初步设计、施工图设计、施工图预算、项目招投标、开工"三通一平"等环节。相关单位及部门包括建设单位、设计单位、监理单位、勘察单位、造价咨询单位、招投标代理机构，以及规划、发改、城建、财政审计等部门。

6.1.1.3 项目施工建设阶段

项目施工建设阶段涉及建筑工程、管网工程、设备安装工程等环节。相关单位及部门包括建设单位、施工单位、设计单位、监理单位，以及城建、质监、财政审计等部门。

6.1.2 项目竣工验收管理过程

项目竣工验收管理阶段涉及竣工验收、环保验收、工程结算、决算等环节。相关单位及部门包括建设单位、施工单位、设计单位、监理单位、勘察单位、第三方监测单位，以及质监、环保、财政审计等部门。

6.1.3 项目资产移交管理过程

项目资产移交管理涉及项目形成资产移交、资产管理及报废环节，相关单位及部门包括建设单位、国有资产管理单位、资产使用单位等。

6.1.4 项目全过程管理流程图

按照项目建设全过程明确项目建设流程中的各环节，以及参与项目的政府主管部门、第三方机构的职责和任务，具体如图 6-1 所示。

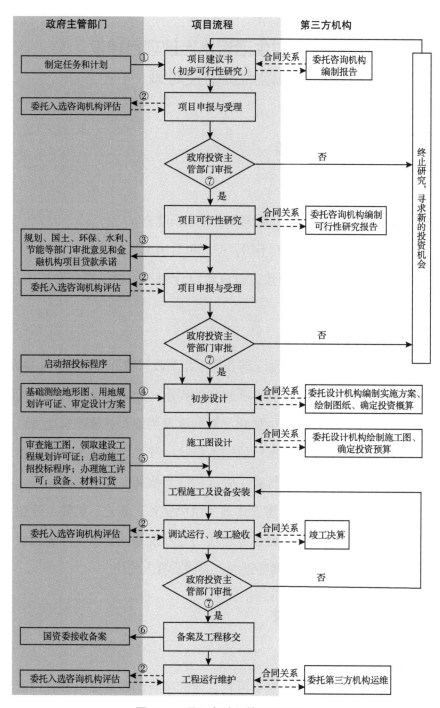

图 6-1 项目全过程管理流程图

6.2 农村生活污水治理项目建设风险点及防控对策

6.2.1 项目规划阶段

6.2.1.1 风险点

第一，缺少总体规划，造成配套设施不健全。

第二，规划设计前瞻性不够，造成项目决策失误。

第三，专项规划不细致，造成建设计划不周详，资金安排不足，影响项目组织实施。

6.2.1.2 防控对策

农村污水处理设施规划应结合国家相关政策统筹规划，配套建设。按照城镇控制性详细规划和专项规划的要求，配套建设农村污水处理设施或者预留城镇污水集中处理设施的建设用地。县级政府应当组织发改、环保、水利等相关部门编制本行政区域的农村污水处理设施建设专项规划。县污水处理行政主管部门应当按照专项规划的要求，制定农村污水处理设施年度建设计划并组织实施。新建、扩建、改建乡镇道路以及住宅小区的建设，应当按照专项规划的要求，同步建设相应的接纳、输送污水的管网等设施，并同步投入使用。

6.2.2 项目立项阶段

6.2.2.1 风险点

第一，项目建议书或项目可行性研究报告编制深度不符合国家规范要求，存在投资估算与实际偏差大、缺少资金安排等问题。

第二，项目选址不合理，不符合总体规划要求。

第三，项目不符合环境功能区划，拟采用的环保措施不能有效治理环境污染和防止生态破坏等。

第四，建设单位申报程序不符合有关规定，提供的申报材料不真实。

6.2.2.2　防控对策

第一，项目审批部门、建设单位、咨询及评估机构各尽其责，分别承担相应责任。

第二，政府投资主管部门对项目审批的审查意见承担责任，着重审查项目是否符合国家相关政策、发展建设规划，是否维护公众利益等。

第三，环境保护主管部门对项目是否符合环境影响评价的法律法规要求，是否符合环境功能区划，是否保护生态环境和有效治理污染等负责。

第四，国土资源主管部门对项目是否符合土地利用总体规划和国家供地政策等负责。

第五，城镇规划主管部门对项目是否符合城镇规划要求、选址是否合理等负责。

第六，咨询机构对咨询评估报告质量负责。

第七，建设单位对是否按照经审批的建设内容进行建设负责，并承担投资项目的资金来源、技术方案等方面的风险。

6.2.3　项目设计阶段

6.2.3.1　风险点

第一，建设方提供的基础资料不够准确，导致设计有偏差，例如规模不符合实际需求或工艺选择不当。

第二,设计文件不规范,未通过专业评审机构的审核。

第三,设计委托发生重大变化,造成设计返工,影响工期。

6.2.3.2 防控对策

设计单位在开展设计前,对建设单位提供的基础资料进行详细核实,需进行实地调研。根据审批的可行性研究报告开展工程设计,其任务是将可行性研究报告确定的设计方案具体化。要将污水处理厂(站)区、各处理建(构)筑物、辅助建(构)筑物等的平面和竖向布置,明确地呈现在图纸上,其设计深度应能满足施工、安装、加工及施工预算编制要求。在设计施工图之前,可能还需扩大初步设计,进一步论证技术层面的可靠性、经济层面的合理性和投资层面的准确性。

审图机构应对施工图进行详细审核,并给出精准的审图意见,以便设计人员对施工图进行修改。

6.2.4 项目招投标阶段

项目招投标阶段是经过比较投标方的能力、技术水平、工程经验、报价等来选定工程设计、施工及设备供应单位的过程,该过程是保证工程质量和节省工程投资的基础。

6.2.4.1 风险点

招投标准备阶段:招标代理机构不规范。

招投标实施阶段:投标人资质不符合要求,未规范投标。

开标评标定标阶段:建设单位未做到公平公正。

6.2.4.2 防控对策

第一,规范评标方法,保障招标质量。

第二，推进落实招投标市场清退制度。

第三，实施标后管理，确保合同履行。

第四，加强对招标代理机构的管理。

第五，实现多部门联合统一执法。

6.2.5　项目施工阶段

6.2.5.1　风险点

第一，施工单位不具备相应资质和能力。

第二，施工过程未严格按照相关规范及设计要求进行。

第三，设备加工制造及安装不符合相关规范要求。

6.2.5.2　防控对策

第一，分清责任，各负其责，必要时进行责任追究。

第二，设计单位在施工前应向施工单位和设备供应单位进行技术交底。施工时，应及时解决施工中出现的技术问题，或对一般设计项目，指派主要设计人员到施工现场解释设计图纸，说明工程目的、设计原则、设计标准和依据，提出新技术的特殊要求和施工注意事项。

第三，施工单位应具备相应资质，按设计图纸施工，施工人员发现问题或提出合理化建议，根据具体情况需对设计做必要的修改和调整时，应先告知或征询设计单位和业主的意见，设计人员要积极配合施工。

第四，监理应尽心尽责，承担施工过程的质量监督责任。

6.2.6　项目验收阶段

该阶段包括工程竣工、联动试车、运行调试、环保验收等过程。

6.2.6.1　风险点

第一，验收人员不作为，忽略重点验收环节，未及时发现问题，造成后期运行故障或存在安全隐患。

第二，在工程竣工验收时，参建各方项目负责人未全部参加，验收单位及人员的盖章、签字不齐全。

第三，未按照设备操作规程进行先单车后联动调试，造成设备损坏。

第四，调试运行机构专业度不够，影响设施正常使用。

第五，操作人员未经过上岗培训，对处理工艺流程不熟，在运行中易造成误操作。

第六，工程调试未达到设计功能及效果要求就通过验收。

6.2.6.2　防控对策

第一，由建设单位组织验收，按照国家相关规范及标准，以及审查通过的设计文件和相关变更文件，组织施工质量监督站对工程竣工进行验收监督。

第二，制定操作规程和安全生产制度，做好工人上岗前培训，严格按照操作规程和工程验收程序进行。

第三，联动试车由施工单位、设备供应单位、建设单位共同完成，检查设备及其安装的质量，以确保能正常投入使用。

第四，工程调试后应进入试运行阶段，其目的是确保处理系统达到设计的处理规模和处理效果，并确定最佳的运行条件。对于生物处理系统，往往要用较长时间来完成"培菌驯化"任务。

第五，环保验收时由生态环境部门或第三方检测机构检验处理系统出水是否达到排放标准。各级环境保护部门应严把验收这道关，以确保工程运营有效进行。

6.2.7 项目移交阶段

6.2.7.1 风险点

工程未经验收即移交，移交后发现工程未达到工程质量标准或设计标准，影响后续运行。

6.2.7.2 防控对策

村镇生活污水处理设施按照设计要求全部建设完成，满足出水水质标准并连续正常运行三个月后，由区、县（市）人民政府组织建设单位、镇政府（街道办事处）、行业主管部门进行环保验收。未经验收或者验收不合格的，不得投入使用。

村镇生活污水处理设施通过验收后，移交产权单位。村镇生活污水处理设施的产权归所在地镇政府（街道办事处）所有。

7 农村生活污水治理项目长效管控

7.1 农村生活污水治理项目管理风险点及防控对策

7.1.1 监督管理

7.1.1.1 风险点

第一，管理职责不清，建设和运行"一手抓"，造成生态环境部门不能切实履行环保监管职责。

第二，运营资金未实行专账核算，或截留、挪用、转作他用。

第三，未按实际情况上报污水治理项目的运营情况，隐瞒、谎报。

7.1.1.2 防控对策

第一，建议按照国务院令第641号《城镇排水与污水处理条例》相关要求，逐步推进农村村镇生活污水处理设施建设管理、运行管理与环保日常监督管理分离，生态环境部门主要依法做好对污水处理设施的出水水质和水量的监督检查。

第二，污水处理行政主管部门、环境保护行政主管部门以及相关部门应当严格按照有关法律法规、规章和技术规范的规定，加强对农村污水处理工作的监督和管理，依照各自的职责查处违法行为。

第三，区、县（市）财政局负责辖区内村镇污水处理设施运营专项资金筹措与监管。运营资金实行专账核算，专款专用，严禁截留、挪用或转作他用。

第四，各镇人民政府（街道办事处）应当自觉接受区、县（市）生态环境局、财政局等相关部门的监督、管理、考核，如实提供有关情况和资料，不隐瞒、谎报。

7.1.2　项目审计

7.1.2.1　风险点

第一，工程各阶段资金审核管理不到位，或对投资效益分析不足，造成资金使用不当。

第二，缺少专项审计计划，未对调查和核查的事项依法进行审计评价，或提出审计建议。

7.1.2.2　防控对策

第一，财政部门应协助有关部门进行农村污水治理项目前期工作，负责农村污水治理项目的资金管理，制定农村污水治理财务管理制度，组织落实农村污水治理财政行政执法责任制，并监督、检查其执行情况。

第二，审计部门参与农村污水治理规划和方案的制定，制定并组织实施农村污水治理审计工作规划，制定并组织实施农村污水治理年度审计计划；组织农村污水治理项目专项审计和审计调查，对直接审计、调查和核查的事项依法进行审计评价，做出审计决定或提出审计建议，并负有督促被审计单位整改的责任。

7.1.3　运营维护

7.1.3.1　风险点

第一，运营单位未建立相关管理制度。

第二，应对突发事件的能力不够。

7.1.3.2　防控对策

第一，运营单位负责做好污水处理设施的保护和运行管理工作，确保污水处理设施有效运行，建立规范的操作规程、岗位职责，建立健全安全管理、污水处理设施停运申报、突发事件应急管理（发生运行障碍、环境污染事件等）、运行考核等各项规章制度。

第二，运营单位应成立专业的管理服务队伍，配备设备维护人员、技术管理人员，负责对污水处理设施统一运营管理。

7.1.4　水质检测

7.1.4.1　风险点

第一，外来污染造成处理系统负荷过高，甚至影响系统正常运行，造成出水水质不达标。

第二，系统进水量突增，远远超出系统最大处理能力，造成出水水质不达标。

第三，水质采样不规范，造成监测数据不准确。

7.1.4.2　防控对策

第一，规范检测手段，加强对农村垃圾、粪污的治理，减少由于外来污染造成的水质监测异常现象。

第二，县生态环境行政主管部门应当对水质进行监督检测，对获得的检测数据，应当与污水处理行政主管部门共享。项目所在乡镇应当配合环境保护行政主管部门的监督检测，如实提供排污排水情况，不得阻挠、妨碍检测。运营单位应当建立水质检测化验制度，并向污水处理行政主管部门和环境保护行政主管部门及时、准确报送污水处理水质与水量、主要污染物削减量等信息。

7.1.5　信息公开

7.1.5.1　风险点

第一，忽视公众参与的积极性。

第二，对污水治理过程中的突发污染事件不及时公开，造成公众误解。

7.1.5.2　防控对策

污水处理行政主管部门和运营单位应当设立公开电话和网站，及时受理公众对污水处理的意见和投诉，按照有关规定及时处理并予以答复。对于污水处理过程中发生的污染事件的情况及处理结果，应当向公众公开，接受公众监督。

7.2　农村生活污水处理设施运行
评估方法

为了更好地对已建设施进行科学评估，指导今后长远有效的运行，我们采用层次分析法，研究了一套适用于现有农村污水处理设施运行评价的评估体系和方法。

7.2.1　层次分析法

为了对现有考核指标进行科学合理的量化，我们结合沈阳市实际，采用层次分析法对现有考核指标进行量化。

层次分析法是将与决策总是有关的元素分解成目标、准则、方案等层次，在此基础上进行定性和定量分析的决策方法。采用层次分析法对供评设施进行综合评价，其重要步骤包括建立层次结构模型、指标权重的确定、评价综合指数计算、评价指标分级等。

7.2.1.1　建立层次结构模型

在深入分析实际问题的基础上，将相关的各个因素按照不同属性自上而下地分解成若干层次，同一层的诸因素从属于上一层的因素或对上层因素有影响，同时又支配下一层的因素或受到下层因素的作用。最上层为目标层，通常只有一个因素，最下层通常为方案或对象层，中间可以有一个或几个层次，通常为准则或指标层。当准则过多时（比如多于九个）应进一步分解出子准则层。

在系统分析和整合国内外现有研究成果的基础上，用复合结构功能指标法，构建基础设施长效运行综合评价体系。按照"目标分解"的方法，将"基础设施长效运行"作为总目标层，然后按照逻辑关系划分出建设指标、技术指标、运营指标、管理指标四个子系统（准则层），各个子系统再向下分解出若干子系统，进而在此基础上选择具体指标。最后通过专家及公众打分，筛选出指标。

7.2.1.2　指标权重的确定

运用定性与定量综合集成的方法确定各项指标的权重，即采用层次分析法并结合专家咨询，确定指标集权重和各项指标权重。可采用方根法或求和法求解各个评价指标的权重。权重的确定是评价的一个关键环节，包括以下步骤：构造判断矩阵、层次单排序和一致性检验、层次总排序和一致性检验。

第一，构造判断矩阵。采用 Saaty 等的 1-9 标度法对各层指标两两量化比较而建立起来。

对同一层次各元素关于上一层次中某一准则的重要性进行两两比较，构造两两比较矩阵。按照惯例，基于 1–9 数量标度（见表 7–1），以每一层次中的元素相对于上一层次元素的重要程度建立互反判断矩阵，设上一层次 C_1 同下一层次中的元素 a_1，a_2，…a_n 有联系，则两两比较重要程度的互反判断矩阵 A=（a_{ij}）n×n，$a_{ij}>0$，$a_{ji}=1/a_{ij}$，其中 a_{ij} 表示元素 a_i 相对于元素 a_j 的重要程度。

表 7–1　1–9 数量标度

标度	定义	说明
1	同等重要	a_i 与 a_j 同等重要
3	稍微重要	a_i 比 a_j 稍微重要
5	明显重要	a_i 比 a_j 明显重要
7	重要得多	a_i 比 a_j 重要得多
9	极端重要	a_i 比 a_j 极端重要
$\frac{1}{2}$，$\frac{1}{3}$，…，$\frac{1}{9}$	反比较	若元素 a_i 与 a_j 比较得到判断 r_{ij}，则 a_j 与 a_i 相比较得到的判断 $r_{ji}=1/r_{ij}$

第二，层次单排序和一致性检验。就是求判断矩阵的特征值和特征向量，以计算对于上一层次某一指标而言，本层次与之相关的指标的重要次序。根据判断矩阵，利用线性代数知识，求出各判断矩阵的最大特征根所对应的特征向量。所求特征向量即为各项指标权重值。一致性检验计算为

$$CR=\frac{CI}{RI} \qquad (7-1)$$

$$CI=\frac{\lambda_{max}-n}{n-1} \qquad (7-2)$$

其中，CR 为一致性指标；CI 为随机一致性指标；RI 为平均随机

一致性指标，可通过查表获得；λ_{max} 为判断矩阵的最大特征根；n 为判断矩阵的阶数。

当 $CR<0.1$ 时，通过一致性检验。随机一致性指标 RI 的数值见表 7-2。

表 7-2　随机一致性指标 RI 的数值

n	1	2	3	4	5	6	7	8	9	10
RI	0	0	0.58	0.90	1.12	1.24	1.32	1.41	1.45	1.49

第三，层次总排序和一致性检验。就是根据各层次的单排序进行加权综合，以计算同一层次各指标相对于最高层次的重要排序。各指标相对于评价总指标的一致性检验为

$$CR_{总} = \frac{CI_{总}}{RI_{总}} \qquad (7-3)$$

其中，$CI_{总} = \sum W_i CI_i$；$RI_{总} = \sum W_i RI_i$。而 W_i 为标准层某项指标权重；CI_i 为某层次单排序随机一致性指标；RI_i 为某层次单排序平均随机一致性指标。

7.2.1.3　评价综合指数计算

通过评价综合指数大小来反映设施运行的状况。评价综合指数计算为

$$N = \sum W_i I_i \qquad (7-4)$$

其中，N 为综合指数；W_i 为指标的权重；I_i 为指标的分值。

7.2.1.4　评价指标分级

我们根据实测数据和相关文献资料，按照 5 级制对评价指标进行分级。其他指标按所属程度很强、强、中、弱、很弱或能力很大、大、中、小、很小分为 5、4、3、2、1 级。

7.2.2　农村生活污水处理设施评估指标体系

7.2.2.1　评估指标体系建立

参考国内外经验，针对农村污水处理设施长效运行管理建立如下评估指标体系（见图 7-1）。

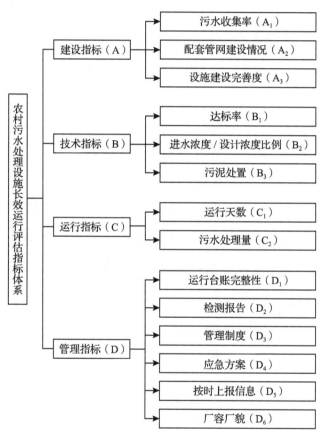

图 7-1　农村污水处理设施长效运行评估指标体系

7.2.2.2　指标无量纲化

指标的无量纲化是指通过数学变换来消除指标量纲的影响。指标的无量纲化有多种方法，归结起来主要有直线型方法、折线型方法和曲线形方法三类。其中最常用的是直线型方法。直线型方法是将指标实际值转化为不受量纲影响的指标值时，假定二者之间呈线性关系，指标实际值的变化会引起指标评价值一个相应的比例变化。

该评价体系指标无量纲化计算依据如下。

（1）污水收集率。分值范围为0~100分，采用直线型方法，污水收集率≥75%时，取100分；污水收集率≤50时，取0分。

（2）配套管网建设情况。分值范围为0~100分，采用直线型方法，年度管网建设任务完成，得100分；完成50%以下，得0分。

（3）设施建设完善度。分值范围为0~100分，采用评价指标分值法，设施完善，无明显破损，取80~100分；设施较完善，无明显破损，取60~80分；设施完善度一般，有破损，取40~60分；设施完善度较差，有明显破损，取0~40分。

（4）达标率。分值范围为0~100分，采用直线型方法，全年达标月数≥11个月时，取100分；达标月数≤8个月时，取0分。

（5）进水浓度与设计浓度比值。分值范围为0~100分，采用评价指标分值法，0.75倍设计进水浓度≤COD年平均进水浓度<1.1倍设计进水浓度，取80~100分；0.5倍设计进水浓度≤COD年平均进水浓度<0.75倍设计进水浓度，取60~80分；0.4倍设计进水浓度≤COD年平均进水浓度<0.5倍设计进水浓度，取40~60分；COD年平均进水浓度<0.4倍设计进水浓度，取0分。

（6）污泥处置。分值范围为0~100分，采用评价指标分值法，有污泥处置合同和科学合理的污泥处置办法，并且不会造成周边环境的二次污染，取90~100分；有污泥处置合同和处置办法，但会造成周边环境一定程度的二次污染，取40~90分；有污泥处置合同，但未明确标有处理方法和处理地点，得0~40分；无污泥处置合同，不得分。

（7）运行天数。分值范围为 0~100 分，采用直线 Z-core 法，保持连续运行（因故停减产程序符合要求，记为连续运行），取 100 分；运行天数低于全年应运行天数的 95%，取 0 分。

（8）污水处理量。分值范围为 0~100 分，采用直线型方法。

1）投运三年以上：实际处理量≥设计水量的 75%，取 100 分；实际处理量＜设计水量的 60%，取 0 分。

2）投运一年以上、三年以内：实际处理量≥设计水量的 60%，取 100 分；实际处理量＜设计水量的 40%，取 0 分。

3）投运一年以内：实际处理量≥设计水量的 40%，取 100 分；实际处理量＜设计水量的 30%，取 0 分。

（9）运行台账完整性。分值范围为 0~100 分，采用评价指标分值法，每月记录及时、完整、规范，取 90~100 分；每月记录较完整及时，取 70~90 分；月度记录不全、不完整、不及时、不规范，取 0~70 分；全年超过 4 次不及时、不完整和不规范，取 0 分。

（10）监测报告。分值范围为 0~100 分，采用直线型方法，月度监测报告齐全，取 100 分；没有月度监测报告，取 0 分。

（11）管理制度。分值范围为 0~100 分，采用评价指标分值法，有完善的管理制度及岗位责任制度，取 80~100 分；有管理制度及岗位责任制度，但不够完善，取 60~90 分；管理较差，取 0~60 分；没有管理制度及岗位责任，取 0 分。

（12）应急方案。分值范围为 0~100 分，采用评价指标分值法，有应急方案，内容完整，取 80~100 分；有应急方案，内容较完整，取 60~80 分；有应急报告，内容不完整，取 0~60 分；无应急方案，取 0 分。

（13）按时上报信息。分值范围为 0~100 分，采用直线型方法，全年上报次数 12 次，取 100 分；上报次数低于 2 次，取 0 分。

（14）厂容厂貌。分值范围为 0~100 分，采用评价指标分值法，现场整洁、绿化到位，标志牌按规定悬挂，取 80~100 分；现场较为整洁、绿化较好，标志牌按规定悬挂，取 60~80 分；现场一般、绿化不好，标志牌按规定悬挂，取 40~60 分；现场较差、绿化不好，标志牌不按规定悬挂，取 0~40 分；现场差、绿化不好，无标志牌，取 0 分。

7.2.2.3 指标权重的确定

运用定性和定量综合集成的方法确定各项指标的权重，即采用层次分析法（AHP）并结合专家咨询，确定指标集权重和各指标权重。以某农村污水处理设施为例，进行评价打分，构建评价判断矩阵。

第一，构造判断矩阵，见表 7-3 至表 7-7。

表 7-3 评价判断矩阵

	A	B	C	D	权系数
A	1	1/3	1/3	2	0.1374
B	3	1	1	5	0.3937
C	3	1	1	5	0.3937
D	1/2	1/5	1/5	1	0.0752

注：最大特征根 λmax= 4.0042，CI= 0.0014，CR= 0.0016。

表 7-4 A-Ai 判断矩阵

	A_1	A_2	A_3	权系数
A_1	1	1/3	3	0.2583
A_2	3	1	5	0.6370
A_3	1/3	1/5	1	0.1047

注：最大特征根 λmax=3.0385，CI=0.0913，CR=0.0374。

表7-5　B-Bi 判断矩阵

B	B₁	B₂	B₃	权系数
B₁	1	7	9	0.7854
B₂	1/7	1	3	0.1488
B₃	1/9	1/3	1	0.0658

注：最大特征跟 λmax=3.0803，CI=0.0401，CR=0.0780。

表7-6　C-Ci 判断矩阵

C	C₁	C₂	权系数
C₁	1	3	0.75
C₂	1/3	1	0.25

注：最大特征根 λmax=3.0803，CI=0，CR=0。

表7-7　D-Di 判断矩阵

D	D₁	D₂	D₃	D₄	D₅	D₆	权系数
D₁	1	1/3	1/2	3	3	4	0.1778
D₂	3	1	2	4	4	5	0.3691
D₃	2	1/2	1	3	3	4	0.2397
D₄	1/3	1/4	1/3	1	1	2	0.0815
D₅	1/3	1/4	1/3	1	1	2	0.0815
D₆	1/4	1/5	1/4	1/2	1/2	1	0.0504

注：最大特征根 λmax= 6.1473，CI=0.0295，CR= 0.0236。

第二，层次总排序一致性检验，其中一次性检验参见式（7-3）。

$CI_{总}$ =0.1374×0.0913+0.3937×0.0401+0.3937×0+0.0652×0.0295

　　=0.0303

$RI_{总}$ =0.1374×0.58+0.3937×0.58+0.3937×0+0.0652×1.24=0.3889

$CR_{总}$ =$CI_{总}$/$RI_{总}$=0.0303÷0.3889=0.0779＜0.10

由计算可知一致性检验可以接受。评价指标层次总排序表见 7-8。

表 7-8　评价指标层次总排序

层次	建设指标	技术指标	运行指标	管理指标	排序结果
综合指标	0.1374	0.3937	0.3937	0.0752	1.0000
污水收集率	0.2583				0.0355
配套管网建设情况	0.6370				0.0875
设施建设完善度	0.1047				0.0144
达标率		0.7854			0.3092
进水浓度 / 出水浓度		0.1488			0.0586
污泥处置		0.0658			0.0259
运行天数			0.75		0.2953
污水处理量			0.25		0.0984
运行台账完整性				0.1778	0.0134
检查报告				0.3691	0.0278
管理制度				0.2397	0.0180
应急方案				0.0815	0.0061
按时上报信息				0.0815	0.0061
厂容厂貌				0.0504	0.0038

7.2.2.4　评价综合指数计算

评价综合指数 N 的计算公式参见式（7-4）。评价综合指数 N 以百分制计分评价：N<60 分为较差；60 分≤N<80 分为一般；80 分≤N<90 分为良好；N ≥ 90 分为优秀。

7.3 农村生活污水处理设施运行监督考核实例

7.3.1 考核依据

为进一步加强农村生活污水处理设施的运行维护管理，提高农村生活污水处理设施运行效率和管理水平，推动污水处理设施稳定达标运行，按照辽宁省生态环境厅、财政厅、农业农村厅关于印发《辽宁省农村生活污水处理设施运行维护管理办法（试行）的通知》的具体要求，沈阳市生态环境局发布了《沈阳市农村生活污水处理设施运行维护考核办法（试行）》（以下简称《考核办法》）。

7.3.1.1 《考核办法》结构

《考核办法》包括四章十三条内容，主要内容如下。

第一章 总则

第一条 制定本《办法》的目的。

第二条 考核办法适用范围。

第三条 明确了考核工作的实施主体、原则及完成时限。

第二章 考核内容及标准

第四条 明确了考核工作采取的方式。

第五条 明确了日常考核标准（分数80分），主要是对各涉农地区动力型设施（50分）和无动力型设施（30分）分别开展考核，并确定具体考核项目。

第六条 明确了年度考核标准（分数20分），主要是对各涉农地区设施运行维护管理主体责任落实情况进行评定。

第七条 明确了考核加减分标准。

第三章 考核结果应用

第八条 明确了考核结果将作为本年度市政府对各涉农地区党政领导班子和领导干部生态环境保护工作目标完成情况绩效考核评定的依据。

第九条 明确了考核结果作为下一年度市级财政运行费补助安排的重要参考。

第十条 明确了考核纪律。

第四章 附则

第十一条 指出各涉农地区可根据本办法，结合本地区实际制定考核实施细则。

第十二条 明确了本办法解释部门。

第十三条 明确了施行时间。

7.3.1.2 《考核办法》主要内容

（1）考核工作采取日常考核与年度考核相结合的方式，基础分为100分，根据工作完成情况设加减分。考核结果设优秀、合格与不合格三个等次。90分及以上为优秀；60~89分为合格；60分以下为不合格。

（2）日常考核设80分，包括动力型设施考核（50分）和无动力型设施考核（30分），由沈阳市生态环境局组织第三方机构开展设施现场检查，根据检查情况进行评分，评分结果定期进行通报。

动力型设施考核采取月考核，主要考核设施处理水量、水质、污泥处置、设施（设备）维护等情况，每月对各涉农地区所有动力型设施分别评分后取平均值，作为该地区动力型设施的月得分。

无动力型设施考核采取季考核，主要考核设施污水收集、消纳与净化及专人管护落实等情况，每季度对各涉农地区所有无动力型设施分别评分后取平均值，作为该地区无动力型设施的季得分。

（3）年度考核设 20 分，主要对各涉农地区本年度落实农村生活污水治理主体责任，保障辖区农村生活污水处理设施稳定达标运行，落实设施监督性监测制度、月报告制度，以及强化日常运行监管等情况进行考核。

（4）为鼓励各涉农地区加大投入，提升设施运行维护管理水平，在日常考核和年度考核的基础上，实行加减分。

有下列情形之一，在考核时予以加分，每种情形加 5 分。一是主动开展水质在线监测的；二是设施范围内实施自动监控的；三是委托第三方专业运维机构或组建运维管理队伍，制定运维管理流程的。

有下列情形之一，在考核时予以减分，每种情形减 10 分。一是设施无故停运的；二是设施存在偷排、直排污水情况的；三是有信访举报或督察反馈问题，经查证属实的；四是被新闻媒体曝光，经查证属实的。如同时出现 3 种情形以上（含 3 种）或其中 1 种情形累计出现 3 次以上（含 3 次），直接评定为不及格等次，并由各涉农地区按照运营合同或有关规定对相关设施相关月份的运行费进行扣减。详细情况见表 7-9。

7.3.2 考核过程

7.3.2.1 现场巡查

巡查范围：巡查范围为沈阳市浑南区、于洪区、沈北新区、苏家屯区、辽中区，新民市、法库县、康平县人民政府，经济技术开发区管理委员会纳入市级财政运行费补助范围的相关设施。

巡查方式：巡查人员每组 3 人，其中 1 人总体负责填报现场检查表，2 人配合负责现场拍照和采样检测。

表 7-9 沈阳市农村生活污水处理设施运行维护考核评分表

序号	考核类别	考核项目	考核指标	分值	考核要点及说明
1	动力型设施日常考核（50分）	处理情况（20分）	处理水量	15	污水处理率60%以上得15分；40%~60%得7分；20%~40%得5分；20%以下得3分；无水量不得分
2			出水水质	5	出水达标，且出具当月具有CMA资质的监测报告得5分；运营单位自行检测得3分；无检测不得分
3		设施状况（15分）	设施	5	检查井、调节池等构筑物完好得5分；每发现一处破损扣0.5分，扣完为止
4			设备	5	水泵、风机等机电设备运行正常得5分；每发现一处问题扣0.5分，扣完为止
5			流量计	3	正常使用且具备检定证书得3分；使用且计量显示清晰得2分；不正常使用不得分
6			其他	2	标志牌、盖板等设施齐全得2分；每发现一处隐患扣0.5分，扣完为止
7		排放情况（5分）	设施出水	2	设施出水畅通得2分；未见出水得1分；出现隐蔽或堵塞不畅现象不得分
8			污泥处置	3	产泥且污泥处置合理，签订污泥处置合同得3分；产泥且有污泥处置合同，但未明确处理方法和处理地点得2分；未产泥或无污泥处置去向不得分

续表

序号	考核类别	考核项目	考核指标	分值	考核要点及说明
9	动力型设施日常考核（50分）	运维管理（10分）	运维台账	5	设备运转情况、加药情况、水质情况、水量情况、故障处理及维修情况记录清晰、完整得5分；缺1项扣1分，扣完为止
10			管理制度	1	建立管理体系、管理制度及操作规程上墙得1分；否则不得分
11			人员配备	3	人员配备合理、值守岗位得3分；否则不得分
12			环境卫生	1	现场环境整洁、绿化到位得1分；否则不得分
13		收集情况（5分）	收集系统	4	具备完善的边沟或管渠收集系统得4分；部分完整得2分；没有不得分
14				1	边沟或管渠内整洁通畅、无堵塞得1分，发现一处堵塞扣0.2分，扣完为止
15	无动力型设施日常考核（30分）	管护情况（15分）	储存、消纳与净化	5	设施完好得5分；局部损坏不影响使用得3分；破损未修复，影响使用不得分
16				4	能够有效储存、消纳与净化污水得4分；未达功能不得分
17				4	水生植物长势良好得4分；一般得2分；无植物不得分
18			感官环境	2	周边环境整洁、无垃圾杂物堆放得2分；发现一处杂物扣0.5分，扣完为止

续表

序号	考核类别	考核项目	考核指标	分值	考核要点及说明
19	无动力型设施日常考核（30分）	管护机制（10分）	群众参与	3	污水处理纳入村规民约，宣传引导良好节水用水意识，引导村民参与生活污水共治共管得3分；否则不得分
20				5	设专人管护得5分；临时管护得3分；无人管护不得分
21			管护措施	1	建立管理制度得1分；否则不得分
22				1	有完整的维护记录得0.5分；有完整的监测记录得0.5分；否则不得分
23	年度考核（20分）	落实主体责任（5分）	印发方案组织实施	5	印发年度运行方案得2分；组织实施得2分；开展设施管理责任人、工作职责和监督方式公示得1分；否则不得分
24		落实监测制度（5分）	制度落实	5	落实设施监督性监测制度，按照规定频次和项目开展监测，提供监测报告得5分，未达到要求，按实际频次和开展项目占比得分
25		落实月报制度（5分）	水量核实及报表	5	认真核实运维单位报送的处理水量，每月按时按要求报送《设施运行及费用情况表》得5分；未按时按要求报送一次扣1分，扣完为止

续表

序号	考核类别	考核项目	考核指标	分值	考核要点及说明
26	年度考核（20分）	落实日常监管（5分）	运行监管档案	5	严格落实属地日常监管，建立设施运行监管档案。档案内容包括：监督管理记录、设施运行记录、设施运行现场照片、设施处理水量材料、进出水质监测报告以及设施运行电费、维修费、运行费支付等相关票据。档案内容完整得5分，缺1项扣1分，扣完为止
27		加分项		5	主动开展水质在线监测
28				5	设施范围内实施自动监控
29				5	委托第三方开展专业运维或组建运维管理队伍，且制定管理流程
30		减分项		10	设施无故停运
31				10	设施存在偷排、直排污水行为
32				10	有信访举报或督察察反馈问题，经查证属实的
33				10	被新闻媒体曝光，经查证属实的

注：①动力型设施（或无动力型设施）日常考核分项得分，为某地区全部动力型设施（或无动力型设施）该项考核得分的平均值。
②某地区如没有动力型设施（或无动力型设施），其动力型设施（或无动力型设施）日常考核得分按该项标准的60%计。

现场检查表示例见表 7–10 和表 7–11。

表 7–10 动力型处理设施现场检查表

_____县 / 市 / 区_____乡镇 / 街道_____行政村_____自然村 / 社区

填表日期： 年 月 日

设施名称			
设施状况	检查井、调节池及处理设施等构筑物		☐ 设施完好、运行良好 ☐ 正常运行、局部存在破损 ☐ 设施破损、影响运行
			破损或故障点：
	流量计		☐ 使用且计量显示清晰 ☐ 不正常使用，无读数或显示不清晰
	水泵、风机等机电设备	运行状态	☐ 运行正常 ☐ 出现故障、影响运行
		故障设备	☐ 风机 ☐ 提升泵 ☐ 污泥泵 ☐ 曝气设备 ☐ 加药设备 ☐ 污泥脱水机 ☐ 其他
	标志牌、检修盖板等设施		☐ 安全警示牌 ☐ 工艺单元标识牌 ☐ 出水口标识牌
			☐ 盖板齐全 ☐ 盖板存在安全隐患，共计（ ）处
排放情况	处理设施进出水管（口）		☐ 出水畅通 ☐ 未见出水 ☐ 堵塞不畅

运维台账	☐ 设备运转情况 ☐ 加药情况 ☐ 水量情况 ☐ 水质情况 ☐ 故障处理及维修情况 　　记录	☐ 记录完整、清晰 ☐ 缺项、不完整；无加药设备可不 　　填加药情况 ☐ 无资料
内部管理	管理制度	☐ 管理制度上墙 ☐ 操作规程上墙 ☐ 有以上未上墙 ☐ 无以上
	人员配备	☐ 专人值守 ☐ 人员巡视到位 ☐ 专人半小时内到岗 ☐ 当班人员缺岗
	环境卫生	☐ 现场环境整洁、绿化到位 ☐ 现场环境一般、无绿化 ☐ 现场脏乱差
加分项	在线水质检测	☐ 安装且正常使用 ☐ 未安装 ☐ 未正常使用
	厂区监控	☐ 安装且具备监控功能 ☐ 未安装 ☐ 安装未使用 ☐ 安装但不具备功能
	专业运维	☐ 委托第三方运营 ☐ 组建运维管理队伍 ☐ 制定管理流程

运维负责人或值班人员（签字）：　　　　　　　　　联系电话：

现场检查人员：

备注：☑

表 7-11 无动力型处理设施现场检查表

_____县/市/区_____乡镇/街道_____行政村_____自然村/社区

填表日期： 年 月 日

设施名称		
运营（管护）单位		
地理位置	经度 E：	纬度 N：
	位置描述：	
污水收集情况	收集系统	☐ 具备完善的边沟或管渠收集系统 ☐ 部分完整
		☐ 边沟或管渠内整洁通畅、无堵塞 ☐ 堵塞（ ）处
设施管护情况	储存、消纳与净化	☐ 设施完好 ☐ 局部有破损不影响使用 ☐ 破损未修复、影响使用
		☐ 设施内无垃圾杂物等，能够有效储存、消纳与净化污水 ☐ 设施被垃圾杂物侵占，无法有效储存、消纳与净化污水
		☐ 除冬季外，水生植物长势良好 ☐ 除冬季外，水生植物长势一般 ☐ 除冬季外，无植物
	感官环境	☐ 周边环境整洁、无垃圾杂物堆放 ☐ 周边环境不整洁、堆放垃圾杂物，共计（ ）处
管护机制	群众参与	☐ 污水处理纳入村规民约、宣传引导良好节水用水意识、引导村民参与生活污水共治共管 ☐ 未纳入村规民约 ☐ 设专人管护 ☐ 临时管护 ☐ 无人管护

续表

管护机制	管护措施	☐ 建立管理制度 ☐ 未建立管理制度
		☐ 有完整的维护记录 ☐ 无完整的维护记录 ☐ 有完整的监测记录 ☐ 无完整的监测记录

运维负责人或值班人员（签字）：   联系电话：

现场检查人员：

备注：☑

现场检测：采用便携式检测试纸，检测设施进水及出水水质主要指标 COD、氨氮、总磷。

现场拍照：采用水印相机软件，记录时间、地点。

巡查重点：包括动力型设施和非动力型设施。

（1）动力型设施的具体情况如图 7-2 至图 7-5 所示。

（2）动力型设施的排放情况如图 7-6 所示。

（a）   （b）

图 7-2 污水处理设施建（构）筑物

（a）

（b）

图 7-3　工艺设备

（a）

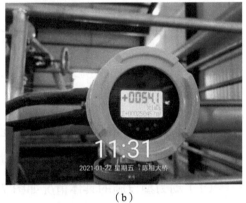
（b）

图 7-4　电气及计量设备

（a）

（b）

图 7-5　标识牌

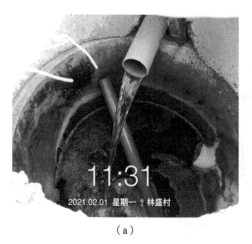

（a）　　　　　　　　　　　　　（b）

图 7-6　出水口

（3）动力型设施的运维台账必须细致完整。

（4）动力型设施的内部管理制度文件展示及厂区展示情况如图 7-7
至图 7-8 所示。

（a）　　　　　　　　　　　　　（b）

图 7-7　管理制度文件展示

（5）无动力型设施的污水收集现场情况如图 7-9 所示。

（6）无动力型设施的设施管护现场情况如图 7-10 至图 7-11 所示。

（7）无动力型设施的管护机制情况如图 7-12 所示。

（8）其他设备如图 7-13 所示。

（a） （b）

图 7-8 厂区环境

（a） （b）

图 7-9 边沟

（a） （b）

图 7-10 氧化塘围栏

（a）

（b）

图 7-11　氧化塘植物

（a）

（b）

图 7-12　村规民约与台账

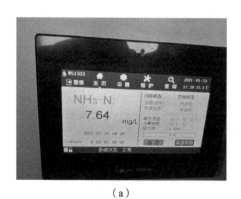
（a）

（b）

图 7-13　监测与视频监控

7.3.3 考核结果及应用

按照《沈阳市农村生活污水处理设施运行维护考核办法（试行）》，对动力型设施和无动力型设施分别采取月考核和季度考核，所有设施巡查结果计入年度考核。通过 7 个月的日常巡查和考核发现，全市污水处理设施的运行效果在建立日常巡查机制后总体有所改善，动力型设施的考核分数从 33.1 分提升至 38.4 分（满分 50 分），见表 7-12。无动力型设施的考核分数亦有小幅度提升，从 21.8 分提升至 23.4 分（满分 30 分），见表 7-13。

表 7-12 动力型设施运行情况打分表

区县	3 月	4 月	5 月	6 月	7 月	8 月	9 月	平均值
浑南区	26.2	35.1	43.4	43.3	49.5	42.0	41.8	40.2
于洪区	42.8	39.8	41.2	44.2	43.7	42.6	43.7	42.6
沈北新区	34.2	33.3	35.5	33.6	35.6	35.9	37.3	35.1
苏家屯区	38.4	36.3	43.9	44.6	44.8	44.6	44.6	42.5
辽中区	32.8	35.4	36.2	36.5	29.3	18.0	20.8	29.9
新民市	38.2	39.2	48.5	50.9	52.2	57.9	53.2	48.6
法库县	22.5	30.5	30.8	39.0	37.5	31.0	31.0	31.8
康平县	29.5	35.0	36.3	36.5	38.0	35.5	34.5	35.0
全市平均	33.1	35.6	39.5	41.1	41.3	38.4	38.4	38.2

表 7-13 无动力型设施运行情况打分表

区县	第一季度	第二季度	第三季度	平均值
浑南区	23.3	32.5	32.5	29.4
于洪区	22.3	21.2	21.2	21.6
沈北新区	14.3	15.0	15.0	14.8
苏家屯区	24.2	24.6	24.6	24.5

续表

区县	第一季度	第二季度	第三季度	平均值
辽中区	24.4	25.9	25.9	25.4
新民市	20.1	20.6	20.6	20.4
法库县	23.0	24.2	24.2	23.8
康平县	22.5	23.4	23.4	23.1
经开区	22.0	23.5	23.5	23.0
全市平均	21.8	23.4	23.4	22.9

7.4 农村生活污水处理设施运行状况分析与建议

7.4.1 动力型设施运行状况分析

7.4.1.1 污水处理情况

从动力型设施处理情况来看（如图 7-14 所示），污水处理率达到

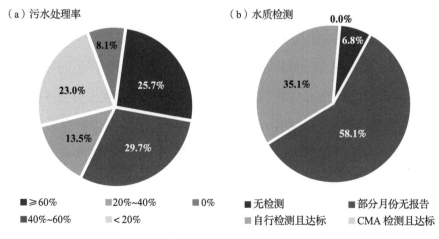

图 7-14 动力型设施污水处理情况

60% 以上的设施占比较低，仅为 25.7%；污水处理率处于 40%~60% 之间的占 29.7%；污水处理率处于 20%~40% 之间的占 13.5%；污水处理率处于 20% 以下的占 23.0%；完全没有污水处理设施的占 8.1%。当前，污水设施的水质监测工作还有待规范，尚没有设施能够连续提供具有 CMA 资质的监测报告。35.1% 的污水设施能够提供运营单位自行监测的报告且出水达标；58.1% 的设施部分月份不能提供监测报告，还有 6.8% 的污水设施无水质检测。

7.4.1.2　设施状况

总体而言，动力型污水设施运行状况良好（如图 7-15 所示），其中 87.8% 的设施构筑物完好，66.2% 的设施水泵、风机等机电设备运行正常。但是，目前流量计的使用情况不理想，仅有 9.5% 的设施流量计能够正常使用且计量显示清晰，大部分设施流量计存在显示不清等问题，有 4.1% 的流量计完全不能正常使用。其他方面的设施维护也有待加强，如标志牌、盖板等设施需要进一步补齐。截至目前，70.3% 的设施标志牌、盖板等设施齐全，仍有 29.7% 的设施标志牌、盖板等不齐全。

7.4.1.3　污染物排放情况

从污染物排放情况来看（如图 7-16 所示），35.1% 的设施出水通畅，64.9% 的设施部分月份现场未见出水。设施运行所产生的污泥处置管理还有待加强，20.3% 的污水处理设施的污泥有处置去向且污泥处置合理，能够提供签订好的污泥处置合同；而 31.1% 的设施有污泥处置合同，但未能明确处理方法和地点；仍有 35.1% 的设施没有污泥处置去向。

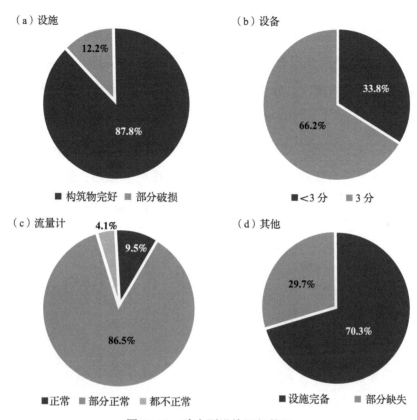

图 7-15 动力型设施运行状况

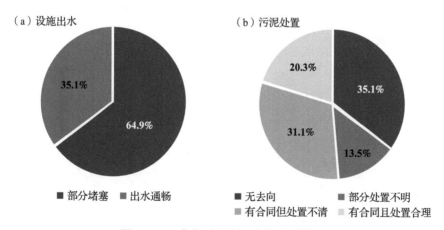

图 7-16 动力型设施污染物排放情况

7.4.1.4 运维情况

从运维台账、管理制度、人员配备和环境卫生等方面来看（如图7-17 所示），目前还没有设施能够做到所有台账（包括设备运转情况、加药情况、水质情况、水量情况、故障处理及维修情况）完整且记录清晰，41.9% 的设施缺少其中 1 项记录，52.7% 的设施缺少 2 项及以上记录，5.4% 的设施上述记录缺失。在管理制度方面，66.2% 的设施建立了管理体系，管理制度及操作规范能够按要求张贴；但也存在个别设施（2.7%）上述内容完全缺失。在人员配备方面，79.7% 的设施人员

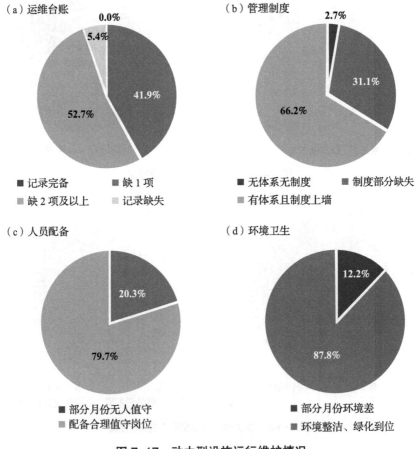

图 7-17　动力型设施运行维护情况

配备合理且能够值守到位，但也有个别设施没有配备管理人员。大部分设施的现场环境整洁、绿化到位，占比达到87.8%。

7.4.2 无动力设施运行状况分析

7.4.2.1 收集情况

目前，无动力设施的污水主要通过村内边沟或排水管渠进行收集（如图7-18所示）。经巡查发现，52.7%的无动力设施具备完善的边沟和管渠收集系统，33.1%的设施能够保证边沟或管渠整洁通畅、无堵塞。需要注意的是，9.8%的设施不具备污水收集系统。

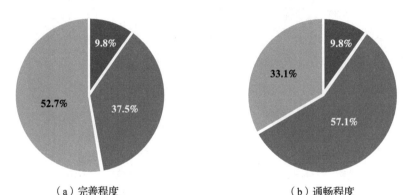

（a）完善程度　　　　　　　　（b）通畅程度

■ 无收集系统　■ 部分完整　■ 收集系统完善　　■ 完全堵塞　■ 部分堵塞　■ 整洁通畅、无堵塞

图7-18　无动力设施污水收集情况

7.4.2.2 管护情况

从设施的管护情况来看（如图7-19），48.6%的无动力设施完好，46.3%的设施局部损坏但不影响使用；70.3%的设施能够有效储存、消纳与净化污水。9.8%的设施水生植物长势良好，46.6%的设施周边环境整洁、无垃圾杂物堆放。但同时，需要注意到3.4%的设施损坏严重并且影响使用，5.7%的设施不具备储存、消纳和净化功能；还有29.1%的设施没有水生植物；2.0%的设施感官环境差，垃圾杂物堆积严重。

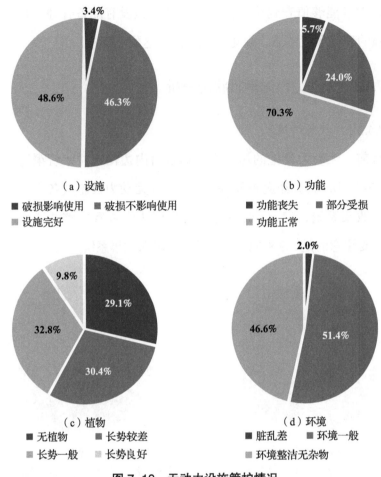

（a）设施

■ 破损影响使用　■ 破损不影响使用
■ 设施完好

（b）功能

■ 功能丧失　■ 部分受损
■ 功能正常

（c）植物

■ 无植物　■ 长势较差
■ 长势一般　■ 长势良好

（d）环境

■ 脏乱差　■ 环境一般
■ 环境整洁无杂物

图 7-19　无动力设施管护情况

7.4.2.3　管护机制

从管护机制建立情况来看（如图 7-20 所示），具有污水处理设施的村庄仅有 26.7% 将污水处理纳入村规民约、宣传引导良好节水用水意识，但村民参与生活污水共治共管的热情不高，38.5% 的村庄未能做到较好地宣传。76.7% 的无动力设施有专人管护；76.7% 的设施建立了管理制度，但仅有 47.3% 的设施有维护记录和监测记录。

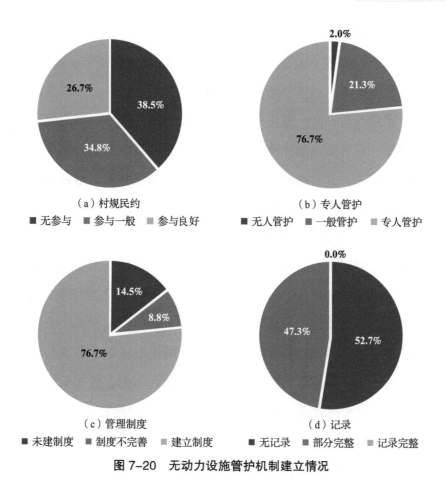

图 7-20 无动力设施管护机制建立情况

7.4.3 农村生活污水处理设施有效运行对策

7.4.3.1 全面评估现有设施状况

组织开展现有处理设施运行情况调查评估，建立完善农村生活污水处理设施运行台账。通过现场查看、环境监测和征询群众意见等方式，重点排查管网未配套或"跑冒滴漏"，处理设施老旧、破损、停运、进水水量水质偏离、出水水质不达标等情形，系统排查原因，将非正常运行设施列入改造清单。建立设施改造工作台账，分类制定设施改造方案，明确责任主体、资金来源、改造措施和完成时限。

7.4.3.2 分类改造现有设施

以充分发挥现有设施的作用为原则，综合考虑技术模式适用性、处理能力匹配度、经济可承受性等因素，经科学论证，判断是否需要改造，实施改造一批、退出一批。有改造价值的设施，按照现行相关标准规范，对污水收集处理和污泥处理处置等设施改造；对出水水质不达标的设施，调整处理单元和工艺，提升治理效果，达到相关标准要求。对于无改造价值的设施，实施停运及封存管理。

7.4.3.3 完善修复现有污水收集系统

以充分利用现有管网为原则，综合考虑排水体制和管网布局合理性、管网建设匹配度、运行管护规范化、经济可承受能力等，判断是否需要改造。对管网与设施不配套、错接、混接、漏接的，完善污水管网建设，提高污水收集率；对雨水混入管网造成进水浓度长期较低的，开展雨污分流改造；对接纳大量非生活污水的，按要求采取预处理后接入；对管网老旧、破损、堵塞的，开展管网修复。

7.4.3.4 加强改厕与污水治理有效衔接

结合农村户厕改造计划和推进情况，将厕所粪污与污水协同处理。对计划建设农村生活污水处理设施的村庄，应同步推进厕所改造与生活污水治理。对已建成生活污水处理设施但户厕改造未完成的村庄，应积极推进厕所改造，将厕所粪污纳入生活污水收集和处理系统，提高设施使用效率。对已完成改厕但化粪池出水不具备纳入污水管网条件的村庄，应建立厕所粪污收集、转运、贮存、利用体系。

7.4.3.5 打造农村生态环境智慧监管平台

全面推进"数字乡村"建设，采用统建共享、互联互通的建设模式，打造覆盖全域的农村生态环境智慧监管平台。围绕农村生活污水处理设施运维智慧监管业务需求，整合共享农村生态环境信息，建设重点设施视频、水质在线监测、工况配电监控等在线感知设施，建立信息数据库中心和农村生活污水处理设施运维智慧监管平台，以实现全市农村生活污水处理设施运维"一张图"智慧监管，全面提高沈阳市农村生态环境监管能力。

参考文献

［1］张志芳，陈立爱，侯红勋，等.改进型 MST- 人工湿地组合工艺处理分散生活污水的研究［J］.安徽建筑大学学报，2016（2）：65-69+74.

［2］武璐.浙江省农村生活污水处理设施水污染物排放标准研究［D］.杭州：浙江工业大学，2015.

［3］郭宝东，李崇.辽宁省"十二五"水环境保护工作进展分析［J］.河南科技，2015（20）：152-153.

［4］瞿叶娜.农村环境综合整治生活污水处理现状与对策分析［J］.中国资源综合利用，2019（7）：42-44.

［5］程希雷.辽宁省农村环境污染现状及防治对策［J］.河南科技，2015（5）：130-132.

［6］陈咄圳，谭丙昌，郑向群.辽宁省农村生活污水治理现状及存在问题分析［J］.环境生态学，2019（6）：45-49.

［7］周文韬.辽宁省农村污水处理设施建设现状浅析［J］.环境保护与循环经济，2017（9）：75-76.

［8］刘晓慧.安徽省农村生活污水成分特征与排放规律研究［D］.合肥：合肥工业大学，2016.

［9］朱佳欣，王冲，窦晗天，等.新型城镇化背景下农村家庭污水分类处理技术研究［J］.科技创新导报，2015（29）：178-179.

［10］牟彪.农村地区分散式生活污水一体化处理技术研究［D］.兰州：
兰州交通大学，2018.

［11］严岩，孙宇飞，董正举，等.美国农村污水管理经验及对我国的
启示［J］.环境保护，2008（15）：65-67.

［12］钟永梅.农村生活污水治理的现状分析与对策研究［D］.杭州：
浙江大学，2016.

［13］亓玉军，魏英华，侯述光.农村生活污水治理现状及对策研究
［J］.环境科学与管理，2014（6）：98-100.

［14］张文楠.北方农村生活污水处理技术研究［D］.长春：吉林大学，
2019.

［15］张刚，张乃明.农村生活污水土地处理技术研究进展［J］.环境科
学导刊，2010（4）：67-71.

［16］马涛，陈颖，吴娜伟.农村环境综合整治生活污水处理现状与对
策研究［J］.环境与可持续发展，2017（4）：26-29.

［17］丁叶强.新型农村生活污水分散式处理工艺设计及工程试验研究
［D］.合肥：安徽农业大学，2016.

［18］彭冉，段怡彤.农村水环境污染治理措施［J］.中国资源综合利
用，2017（6）：30-31.

［19］李海明.农村生活污水分散式处理系统与实用技术研究［J］.环境
科学与技术，2009（9）：177-181.

［20］许春华，周琪.高效藻类塘的研究与应用［J］.环境保护，2001
（8）：41-43.

［21］郭琪.土壤—植物渗滤系统处理农村生活污水效果与蔬菜废弃物
沤制研究［D］.长沙：湖南农业大学，2013.

［22］曾令芳.简评国外农村生活污水处理新方法［J］.中国农村水利水

电，2001（9）：30–31+33.

［23］任婧文.农村生活污水处理设施综合技术应用研究［D］.广州：
华南理工大学，2012.

［24］陈俊杰.ABR处理农村生活污水的试验研究［D］.成都：西南交
通大学，2008.

［25］张文雷.一种新型的生态污水处理系统［J］.中国农村水利水电，
1999（3）：46.

［26］徐敬亮.人工湿地技术在处理农村生活污水中的应用研究［D］.
南昌：南昌大学，2014.

［27］孙海如，周虎城，王俊玉.村镇生活污水处理技术整合研究［J］.
给水排水，2006（7）：23–25.

［28］吴克霞.小城镇的污水排放现状与处理对策［J］.科技与企业，
2012（19）：163+165.

［29］田宁宁，杨丽萍，彭应登.土壤毛细管渗滤处理生活污水［J］.中
国给水排水，2000（5）：12–15.

［30］郑彦强，卢会霞，许伟，等.地下渗滤系统处理农村生活污水的
研究［J］.环境工程学报，2010（10）：2235–2238.

［31］张建，黄霞，刘超翔，等.地下渗滤处理村镇生活污水的中试
［J］.环境科学，2002（6）：57–61.

［32］贾晓竞，毕东苏，周雪飞，等.农村生活污水生态处理技术研究
与应用进展［J］.安徽农业科学，2011（31）：19307–19309.

［33］严弋，海热提.潜流式人工湿地在我国干旱区的试运行［J］.水处
理技术，2007（10）：42–45.

［34］孙亚兵，冯景伟，田园春，等.自动增氧型潜流人工湿地处理农
村生活污水的研究［J］.环境科学学报，2006（3）：404–408.

［35］杨健，易当皓，赵丽敏，等.蚯蚓生物滤池处理剩余污泥的效果
［J］.中国环境科学，2008（10）：892-897.

［36］王昶，卜宇岚，贾青竹，等.A2/O滤床生活污水净化槽的特性研
究［J］.天津科技大学学报，2008（2）：1-5.

［37］杨帆，梁和国.地埋式生物净化槽处理农村生活污水效果分析
［J］.长江大学学报（自科版），2014（29）：59-65+8.

［38］李涛，石小峰.日本污水处理行业发展现状［J］.工业用水与废
水，2017（2）：1-5.

［39］李欣.农村生活污水农业利用的可行性及其对作物与土壤的影响
研究［D］.杭州：浙江大学，2018.

［40］王乐.辽宁省农村水环境污染成因及治理对策［J］.渤海大学学报
（哲学社会科学版），2018（3）：77-81.

［41］许春莲，宋乾武，王文君，等.日本净化槽技术管理体系经验及
启示［J］.中国给水排水，2008（14）：1-4.

［42］谢卫平，刘泓，蒋科伟，等.关于农村生活污水排放标准的思考
［J］.环境科学与管理，2013（4）：12-15.

［43］韦慧.复合生态塘治理农村生活污水应用示范研究［D］.昆明：
昆明理工大学，2008.

［44］刘广.辽宁省农村生活污水治理现状与治理对策建议［J］.环境保
护与循环经济，2020（7）：85-86+90.

［45］孔刚，许昭怡，李华伟.地下土壤渗滤法净化生活污水研究进展
［J］.土壤（Soils），2005（3）：251-257

［46］舒哲.美、日、韩农民怎样改善生活环境［J］.决策与信息，2006
（4）：74-75.

［47］余晓泓.日本环境管理中的公众参与机制［J］.现代日本经济，

2002（6）：11-14.

［48］苏东辉，郑正，王勇，等.农村生活污水处理技术探讨［J］.环境科学与技术，2005（1）：79-81.

［49］马香娟，陈郁.农村生活垃圾问题及其解决对策［J］.能源工程，2005（1）：49-51.

［50］杜兵，司亚安，孙艳玲.生态厕所的类型及粪污处理工艺［J］.给水排水，2003（5）：60-62.

［51］王俊起，孙凤英，王友斌，等，粪尿分集式厕所设计及粪便无害化效果评价［J］.中国卫生工程学，2002（1）：5-9.

［52］曾思育.环境管理与环境社会科学研究方法［M］.北京：清华大学出版社，2004.